サイトオルガニズム発生説 第3巻

人工細胞が卵でつくられる、DNA冠細胞の発見と合成

猪岡尚志

大学教育出版

まえがき

　自己再生人工細胞の作製は、これまで誰も成功しておりません。筆者は、約15年前、増殖する人工生命体の作製に成功し、これにサイトオルガニズムという名前をつけ『サイトオルガニズム発生説 ― 科学は国の礎科学者を目指す若者へ』という著書を文芸社より出版しました。その後、細々と継続しておりました研究が進展しました。自己再生（増殖可能）人工細胞の新たな作製法を見いだしました。2014年、その研究内容を日誌風にまとめて『続サイトオルガニズム発生説』を大学教育出版より出版いたしました。

　出版計画では、2020年に、『サイトオルガニズム発生説』（―完結編―）として発行したいと予定しておりました。しかし、うれしいことに、研究が予想外の速さで進展しました。研究の進展と反比例して物忘れも多くなりました。この辺で整理しておかないと研究データの紛失など大変な混乱を招くかもしれません。早めに書き留めておきたいと思いました。出版編集の方と相談しまして、第3巻として発行することにしました。

　現在の社会は、当人が望むと望まないとにかかわらず、いろいろな情報を提供してくれます。前著、『続　サイトオルガニズム発生説』は、老科学者の研究生活（生き様）を書き表したつもりでした。ところが、ネットでの評価は、専門性96％とされました。このような評価ですと、今回の書籍は、専門性98％以上になるかもしれません。

　今回の出版の動機は、冒頭に述べましたように、記憶が薄れていく研究生活、その際の思いなどを、研究日誌風にまとめておきたいということです。筆者は専門書という思いはありません。

　卵（卵白）を用いて人工細胞を作製しました。今回は、卵白内でどのようにして人工細胞がつくりだされるか、その研究内容を記述したものです。

　振り返りますと、人工細胞は、スフィンゴシン・DNAを母体としてこれに組織液を添加して生成されます。研究が、大きく飛躍したことは、人工細胞を

卵（卵白）を用いて生成させるという画期的な発想によります。今回、この人工細胞の外膜が、DNAで覆われていることを見いだしました。これをDNA冠細胞（DNA crown cells）と命名しました。また、このDNA冠細胞を合成することにも成功しました。このDNA冠細胞の姿も、この書籍でふんだんに紹介しました。科学者を目指す若者、応用生命科学にかかわる専門の方のみならず科学施策に関心のある政治家、筆者と同世代、団塊の世代の方々などにもぜひお読み頂けましたら幸いです。

サイトオルガニズム発生説 第3巻
― 人工細胞が卵でつくられる、DNA 冠細胞の発見と合成 ―

目　次

4

まえがき ……………………………………………………………… *1*

序　章　人工細胞：科学界へデビュー ── 国際誌掲載まで 4 年の挑戦 ── … *9*
 1　変貌する国際科学誌の中での挑戦　*9*
 2　受理されない原稿　*10*
 3　発想を転換して投稿　*12*
 4　相次ぐ論文投稿要請 ── よみがえる論文　*13*
 5　人工細胞作製法に関する論文、書籍　*15*

第 1 章　人工細胞 ── ホヤが作る？　その正体は ── ……………………… *18*
 1-1　人工細胞研究のスタート　*18*
 1-2　どう進める　*19*
 1-3　ホヤの核酸関連成分を同定する　*21*
 1-4　解決法を考える　*21*
 1-5　スフィンゴシン・DNA・ヌクレオシド結合物と人工細胞生成　*24*
 1-6　論文にする　*25*

第 2 章　人工細胞は、卵（卵白）で形成される ── その仕組みを解く ── … *27*
 2-1　どう進める研究　*27*
 2-2　一つの発想 ── アデノシンの運命を追及する ──　*28*
 2-3　スフィンゴシン・DNA を凝集する ── D 成分 ──　*28*
 2-4　卵白有効成分を同定する　*30*
 2-5　アリ地獄に入らないために ── 柔軟な考えを備える ──　*31*
 2-6　結論として論文にする ── 人工細胞の生成機構 ──　*31*

第 3 章　人工細胞研究の新展開 ── DNA 冠細胞の発見 ── ……………… *33*
 3-1　DNA 冠細胞 ── その発見まで ──　*33*
 3-2　外膜が DNA で構成されている細胞　*36*
 3-3　DNA 冠細胞 ── 命名の経緯 ──　*36*

目　次　5

第4章　DNA冠細胞を作る ……………………………………… 38
4-1　DNA冠細胞の合成　*38*
4-2　DNA冠細胞をバイオテクノロジーで作製する　*43*
4-3　多種、多様なDNA冠細胞が作製できる　*44*
4-4　受理される論文　*44*

第5章　なぞが解けた ― 答えは、簡単 ― ……………………… 46
5-1　科学は謎解きか　*46*
5-2　その仕組みに迫る　*47*
5-3　謎の答えは、簡単　*48*
5-4　謎を解いた ― スフィンクス大王からの贈り物 ―　*48*

第6章　人工細胞 ― 産業への応用の新展開 ― ………………… 50
6-1　序文　*50*
6-2　無駄とわかりながらの挑戦　*50*
6-3　DNA冠細胞 ― 応用への期待 ―　*53*
6-4　究極の応用 ― ビール好きの夢への挑戦 ―　*55*
6-5　牛肉DNA冠細胞、アコヤ貝DNA冠細胞が夢を与えるか　*57*

第7章　人工細胞（DNA冠細胞）
　　　 ― いかに科学に貢献するか ― 増殖機構からの展望 ― ………… 59
7-1　序文　*59*
7-2　一枚の電子顕微鏡写真から増殖機構を類推する　*59*
7-3　DNA破片による再構成　*61*

第8章　世界の舞台へ ― 国際学会で講演できるか ― ………… 62
8-1　国際学会　*62*
8-2　国際学会の思い出　*62*
8-3　舞い込む講演依頼 ― 国際学会への招待 ―　*64*

8-4　国際学会に参加できる条件　*64*
　8-5　準備は大変　*66*
　8-6　科学者 ── 一度は国際学会での講演を ──　*66*

終章　現役続行 ── その対策 ── …………………………………… *68*
　1　気力の維持　*68*
　2　新たな気力を求めて　*69*
　2-1　高齢者の生き方から得る　*69*
　2-2　偉人、科学者の名言から得る　*70*
　3　信念を貫く ── 心を冷静にして ──　*71*

おわりに ……………………………………………………………………… *72*

サイトオルガニズム発生説　第 3 巻
― 人工細胞が卵でつくられる、DNA 冠細胞の発見と合成 ―

序　章　人工細胞：科学界へデビュー
― 国際誌掲載まで4年の挑戦 ―

1　変貌する国際科学誌の中での挑戦

　科学誌の出版は、書籍から、ネット（電子版）に変わりつつあります。論文の投稿も、ネット（オンライン）での投稿が、主流を占めております。これにはコンピューターを用います。高齢になりますと、新しいことを学ぶのは大変で、時間もかかります。オンラインで原稿が送れるようになるまで、約1年かかりました。

　国際科学誌の出版業界は、2000年以降かなり変動しているようです。

　従来の書籍科学誌に加え、オープンアクセス誌と呼ばれる科学誌が加わりました。オープンアクセス誌は、論文投稿後の審査期間が短く、また、発行までの期間も短縮されます。筆者のような高齢の科学者は、先々の研究期間も限られております。書籍出版では、論文投稿後、審査に数か月、受理されたとしても発行が早くて半年もかかるようです。論文投稿後、論文が世の中に出るまで、最短1年は、かかるということになります。それゆえ、筆者にとり、オープンアクセス誌は、大変魅力があります。

　オープンアクセス誌は、出版経費〈論文掲載費〉を著者に求めております。

　その額は、雑誌によりかなり差があります（1～50万円程度）。予め、調べてから投稿することが大事です。ちなみに、Nature グループのオープンアクセス誌は、Scientific Report、Nature Communications などがありますが、25～50万円程度です。筆者は、年金生活で研究を行っておりますので、投稿料は、そうそう負担できません。せいぜい3～6万円程度の雑誌を選んでおります。

　科学誌出版業界を予想する統計企業会社の調査によりますと、現在、科学

誌出版においてオープンアクセス誌の占める割合は、約15％であり、数年後には30％程度まで躍進すると見ております。このような業界の見通しも影響してか、これまで、オープンアクセス誌を重要視してこなかった大手の科学誌出版社でも、オープンアクセス誌に切り替えていきつつある傾向がみられます。現在、Nature 科学姉妹誌は、Nature 誌をはじめ Nature Biotechnology, Nature Communication など25誌以上あります。そのうち、前述したように、Scientific Report など約半数が、オープンアクセス誌として出版されています。

オープンアクセス誌は、耳新しい人にとり、従来の書籍出版に比べ掲載される論文のレベルが、相当低いと感じている方が多いと思います。論文投稿後、すぐに審査があり、審査員の返事がすぐにきますので、まじめに論文を審査しているのかどうか、筆者も不安な部分もありました。

しかし、例えば Scientific Report（採択率約25％）、のように投稿した論文がすべて受理されるわけではありません。最近は、新規のオープンアクセス誌が多く見られます。これらの雑誌に掲載される論文はどうかという疑問が出ます。そこで、いろいろ情報を得ました。結論的に言いますと、論文の質は無関係、影響ないようです。オープンアクセス誌ということで、研究の評価が下がるということはないようです。

先行き研究期間が短い研究者にとり、投稿から発行まで、数か月ということは魅力です。当分は、この雑誌に投稿（挑戦）することにしました。

2　受理されない原稿

パソコンの扱いが不十分な頃（2012年頃）から、論文を書籍科学誌に投稿していました。はじめの論文題名は、

Preparation and cultivation of artificial cells でした。

しかし、全く、受理されません。現役時代には、必ず受理された二流クラスの国際誌にも受理されません。ただ、筆者は、研究した内容はをすべて記録（論文として）しておくということを信条としております。受理されない論文は、筆者が編集委員を務めている雑誌に掲載しました。

次第にパソコンの扱いができるようになり、電子投稿もスムーズになりました。いろいろな、オープンアクセス誌が、発行されていることも知りました。特に、筆者の研究領域（生命科学）にどのような科学誌があるかを調べました。

生命科学の研究は、意外と欧州が盛んなことがわかりました。生命科学に関する科学誌がかなり出版されております。もちろん、この中には、オープンアクセス誌も含まれます。論文題名は、

Preparation of Artificial Cells for Yogurt Production,
Preparation of Artificial Human Placental Cells

の2つの論文を投稿しました。結論から言いますと、オープンアクセス誌も含めて、すべて受理されませんでした。あきらめまして、いつものとおり、筆者が編集しております雑誌に掲載しておきました。

次の投稿論文は、

Investigation of the chemical composition of artificial cell seeds: Sphingoisne-DNA bound components from extract of the meat from adult ascidians. です。

この研究内容は、次章で述べておりますように明瞭な成績です。

受理されることは、明白です。欧州の生命科学誌に投稿しました。予想通り、審査委員は受理、OKのようでした。しかし、発行直前に受理できないという返事がきました。これは、この論文の主旨が、人工細胞生成機構を解明するということにあります。この人工細胞に関する論文を別の雑誌に投稿中でしたが、これが受理されていないということが判明したようです。親元の研究が受理されずボツになりました。欧州では筆者の論文が、だいぶん評判になっているかもしれません。

欧州の雑誌では、無理だと思いました。アジア系でも生命科学に関する科学誌が出版されております。International Journal of Current Research in Life Science に投稿しました。この雑誌は、筆者が編集している雑誌と同じレベルかとも思います。ただ、読者が、国際的ということがメリットです。発行まで校正の機会もなく、小さなミスを修正できませんので、心残りもありま

す。ともかく、受理され発行されました。

　生命科学の研究が盛んな欧州の科学誌は、論文を受理しません。この理由はあきらかです。生命科学者は、スフィンゴシン、DNAなどから生命が生まれるということは、ありえないと考えているからです。論文の内容を精査する前に拒否されます。生命科学関連の研究は、主観が入ります。これを取り除くことは不可能です。

　ここで、発想を転換する考えが生まれました。ノーベル化学賞受賞者の業績をみますと、新規の化学反応の発見、その応用性にあります。化学賞は、理屈はいらないのです。このような手順でやれば、このような結果になるということが一番重要になります

3　発想を転換して投稿

　筆者の研究もこのようにやれば人工細胞ができるということです。化学系的に考えると理解されるかと思いました。化学と工学が融合した分野もあります。

　これらの科学誌を調べました。これまでこの分野の科学誌は、あまり知りませんでした。多くの科学誌が出版されております。どちらかといいますと、欧米が多いようです。筆者は、これまでの人工細胞作製の方法をまとめて（総説として）雑誌に掲載しておきたいと思っておりました。生命科学系の雑誌では、掲載が何度も拒否された論文です。

　この作製法に関する論文が、国際誌に掲載されませんと、進展がありません。化学工学系の雑誌に投稿することにしました。

　論文題名は

　Preparation of Artificial Cells Using Eggs with Sphingosine-DNAです。

　化学工学系の科学誌の詳しい内容などは、あまり知りません。どの雑誌に投稿しようかといろいろ思案しました。できるだけ読者層の多い雑誌がよいと思い

　Journal of Chemical Engineering & Process Technologyに投稿しました。

　雑誌名は、筆者の研究内容にヒットしていると思いました。また、この雑誌

のホームページでは、この雑誌は多くの科学誌の編集委員が、目を通すということです。

　この雑誌に投稿することに決めました。驚いたことには、投稿後、即座に受理の返事がきました。しかも、特例のようで、Chief-editor（編集責任者）の、即座の判断のようでした。発行も、投稿後、1～2か月もかかりませんでした。論文掲載後の影響は、かなりのようです。いろいろな雑誌の編集委員から、賞賛のメールを頂きました。お世辞でしょうが、

　特に、a wandful article for the scientific world というメールは気に入りました。

　振り返りますと、論文の投稿を始めたのが2012年です。生命科学系の国際誌へ投稿しておりましたが、受理されませんでした。これら受理されない論文は、筆者が編集を務めている雑誌へ掲載しておきました。

　2016年、発想を転換して、化学工学系の雑誌に投稿しました。鶏卵による人工細胞作製法が、科学界へ紹介されました。ここまで、4年を経過しました。

4　相次ぐ論文投稿要請 ― よみがえる論文 ―

　論文の反響はかなりのようです。これまで筆者のほうから論文を掲載させて頂きたいということでした。それが、科学誌の編集部から、ぜひお願いしたいという、招待論文の要請が多数あるようになりました。しかも、編集委員への就任依頼まで添えられてきました。筆者は、自分が主唱している雑誌の編集委員を長く務めております。出版に際しては、出版の経費とかいろいろ苦労があります。編集委員の就任依頼はすべて断りました。また、招待論文は、喜んでばかりいられません。招待論文とはいえ掲載手数料なる物が派生します。はじめの論文では、掲載手数料に関してあまり情報がなく、後に、予想以上の掲載費（Publishing charge）を払いました。その後は、必ず、掲載費を確認してから対応することにしております。筆者は、3～6万円程度を目安としました。招待論文でも、あまり特典はありません。掲載費を割り引いてくれる（30％程度）ぐらいかもしれません。しかし、名前が知られているということは嬉し

いことです。科学者としての知名度がアップしたということになります。

　ネットで筆者のこれまでの主要な論文が紹介されました。その中に、筆者が編集している雑誌に掲載されている論文〈題名〉もリストされておりました。一番うれしいことは、この研究の原点の論文、

　Cytoorganisms（cell-originated cultivable particles）with sphingosine-DNA

がリストされたということです。

　筆者が、この論文を作成している間、病気が発生しておりました。この論文を作成することに夢中になり、病気が進行していることを見過ごすことになりました。病床でこの論文を仕上げ、国際誌に投稿しましたが、受理されませんでした。評価は、ゼロでした。最後は、筆者が、編集する雑誌に掲載しました（2000年）。それ以来、この論文は世に出ることなく、埋没されている状況でした。これが、ネットの普及もあり、この論文（題名だけですが）が、紹介されました。最近、この原点の研究は、DNA冠細胞（第4章）の作製法と内容を変えて、論文（レビュー）にしました。

　当初（2012年）より、化学工学系の雑誌への投稿を考えつきましたら、筆者の編集する雑誌に掲載した論文はすべて受理され、科学界へ大きな影響を与えていたことが予想されます

　Preparation of Artificial Cells Using Eggs with Sphingosine-DNA

の論文が掲載されたのが、2016年3月でした。この論文はこれまでの人工細胞作製法をまとめて、総説として掲載しました。筆者としては、一応、一段落ということになります。

　ある日、家内が、ハワイへ行こうと誘ってくれました。研究もまずひとくくりで、掲載された論文の評価もまあまあでした。この年の5月、ハワイに一緒にいくことにしました。ただの旅行もあまり意味がないかなと思い、この旅行を論文掲載記念ハワイ旅行と一人で名づけました。ハワイは3度目です。夕食は和食にして頂き、地元の刺身などでお祝いして頂きました。

　筆者は、手術前は、多少、貫録もありましたが、術後、体重が減り元に戻りません。

序　章　人工細胞：科学界へデビュー ― 国際誌掲載まで4年の挑戦 ―　15

図 序-1　論文を見ながら寛ぐ筆者
〈ハワイ島：シェラトン・ワイキキホテルのベランダにて〉

　お見苦しい写真ですが、一枚掲載させて頂きます。

5　人工細胞作製法に関する論文、書籍

　この書籍：『サイトオルガニズム発生説』（第3巻）は人工細胞の形成機構に関して、既に、筆者が論文としてまとめ、雑誌に掲載された論文の内容を解説する形式で記述されております。

　したがって、ここで取り上げております多くの図、表などは、これらの論文から引用したものです。最初にお断りしておきます。

　筆者の主要な論文題名等が、ネットで紹介されております。これらを紹介しておきます。

Inooka: DNA Crown Cells: Synthesis and Self-replication - Google Scholar

DNA Crown Cells: Synthesis and Self-replication
S Inooka - Int J Biotech & Bioeng, 2017 - biocoreopen.org
Abstract It has been half a century since the first studies on cell biology. During this time, it was shown that cells consist of a membrane made of lipid-polymer complexes comprising proteins and carbohydrates complexed with lipids. Further studies on cell biology have been
Cited by 1   Related articles   Cite   Save   More

Aggregation of sphingosine-DNA and cell construction using components from egg white
S Inooka - Integrative Molecular Medicine, 2016 - oatext.com
Abstract Artificial living cells generated using defined compounds are useful for studying a myriad of problems in the life sciences. I have developed a method for generating artificial cells by incubating artificial cell seeds with a sphingosine (Sph)-DNA-adenosine mixture in
Cited by 2   Related articles   All 2 versions   Cite   Save   More

Biotechnical and Systematic Preparation of Artificial Cells (DNA Crown Cells)
S Inooka - Global Journal of Research In Engineering, 2017 - engineeringresearch.org
Abstract The first cell biology studies were conducted half a century ago and it has long been known that cells consist of a membrane made of lipid-polymer complexes comprising proteins and carbohydrates complexed with lipids. Many cell biology studies have been
Related articles   All 3 versions   Cite   Save

Cytoorganisms (cell-originated cultivable particles) with sphingosine-DNA
S Inooka - Comm. Appl. Cell Biol, 2000
Cited by 3   Related articles   Cite   Save

Preparation of Artificial Cells Using Eggs with Sphingosine-DNA
S Inooka - J. Chem. Eng, 2016
Cited by 3   Related articles   Cite   Save

Theory of cytoorganisms generation (sequel). The track of the dawn of selfreplicating artificial cells
S Inooka - 2014 - Daigakukyuoiku Press. Okayama, …
Cited by 3   Related articles   Cite   Save

Preparation and cultivation of artificial cells
S Inooka - Applied cell biology, 2012 - ci.nii.ac.jp
CiNii 国立情報学研究所 学術情報ナビゲータ[サイニィ]. メニュー 検索. …
Cited by 2   Related articles   Cite   Save   More

Cell-Free Preparation of Functional and Triggerable Giant Proteoliposomes
YJ Liu, GPR Hansen, A Venancio-Marques… - …, 2013 - Wiley Online Library
Giant liposomes—1 to 100 μm spherical compartments defined by a lipid bilayer membrane—are extremely useful as models of cells and cell membranes.[1, 2] Various methods for giant liposome preparation have been developed to achieve well-defined membrane properties
Cited by 17   Related articles   All 4 versions   Cite   Save

Attempt at a Systemic Design of a Protocell: Connecting information, Metabolism and Container
AN Albertsen, S Maurer, J Cape, JB Edson… - ISSOL …, 2011 - forskningsdatabasen.dk
Abstract: The minimal requirements for a living system are often listed as follows: i) a living system must have a specific identity and be able to preserve it (compartmentalization); ii) it must sustain itself by using energy from its environment to manufacture at least some of its
Related articles   Cite   Save   More

Autonomous construction of synthetic cell membrane.
Y Kuruma, H Matsubayashi, T Ueda - ECAL, 2013 - mitp-web2.mit.edu
Abstract A minimal artificial living cell is a sustainable and reproducible cell-like entity composed of biological components such as proteins, DNA, RNA and phospholipids (Luisi et al.(2006)). The most realistic strategy in producing such an artificial cell is assembling
Cited by 2   Related articles   All 2 versions   Cite   Save   More

公表した論文の中で、人工細胞の作成に関して、Google Scholar でリストされた論文
　　＊〈下の3論文は、別の方の論文〉
　　＊ Cytoorganisms (cell-originated cultivable partickes) with sphingosine-DNA は、研究の原点となる論文
　　＊ Preparation and cultivation of artificial cells は、人工細胞作製法の最初の論文
　　＊ Preparation of Artificial Cells using Eggs with Sphingosine-DNA は、人工細胞作製法をまとめた論文
　　＊ DNA Crown Cells Synethesis and Self-replication は、DNA 冠細胞に関する最初の論文

第1章 人工細胞 — ホヤが作る？ その正体は —

1-1 人工細胞研究のスタート

人工細胞ができるのにホヤが関わりがありそうだということがわかりました。なぜ、ホヤにたどりついたのか、この経過は、前著で述べてあります（『続サイトオルガニズム発生説』）。

人工細胞研究は、スフィンゴシン・DNA を培養動物細胞に添加すると、培養細胞が破壊され、その際、スフィンゴシン・DNA 粒子に、細胞成分が結合して増殖性の粒子が、形成されるということを見いだしたのが始まりです。細胞培養で研究を進めるにはそれ相当の施設が必要です。引退した筆者の研究所には、分不相応の施設です。それでは、食材の動物細胞を用いればよいのでは

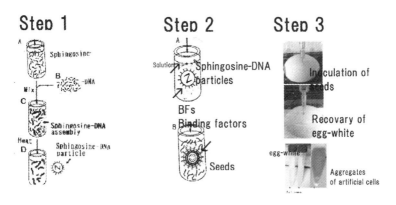

図1-1 鶏卵（卵白）による人工細胞作製法
Step 1 スフィンゴシンと DNA を混ぜてスフィンゴシン・DNA 結合物を作る。
Step 2 スフィンゴシン・DNA 結合物に Binding ファクター〈結合因子〉を結合させる。〈人工細胞の種：seeds〉。
Step 3 人工細胞の種を鶏卵、卵白内に接種、培養すると人工細胞が得られる。

ないかという考えになりました。この中で、ホヤが浮かんできたわけです。ホヤの身は、細胞で占められております。細胞抽出物の作製には、好都合でした。

　スフィンゴシン・DNA に、ホヤの抽出物を添加して、これを卵白内に注入して培養すると、その7日後には、人工細胞が生成されるのです。

　ホヤの抽出物を得るには、最初、高濃度の食塩に浸したホヤを直接ミキサーにかけ、ペースト状にします。このペーストをさらに食塩水で10倍に希釈して使用します。この抽出物を作成する際、微生物が紛れ込む可能性もあります。この考え方が大勢を占めますと、筆者の研究は、あまり相手にされません。これに反論しなければなりません。それには、ホヤ抽出液のどのような成分が作用しているのかを明らかにしなければなりません。

1-2　どう進める
　ホヤは、いろいろな成分を含んでおります。何が作用しているか、ホヤの持つすべての成分は、調べられません。どのような成分が関与するかは、科学者の勘によります。勘があたりますと、経費、時間も少なく解決します。筆者は結合するものは、おそらく低分子のものでないかと考えました。少なくとも蛋白質ではなかろうと考えました。そこで、ホヤ抽出液から、まず、徐蛋白した成分で検討してみようと思いました。一般的に、徐蛋白は、硫安、アルコールなどを加え、沈殿させます。組織から、DNA を抽出する際も、始めに、クロロホルムなどで徐蛋白して、その上澄みから、DNA を抽出します。この、DNA 抽出方法は、筆者も何度となく経験しております。この方法で徐蛋白し、その上澄みに注目しました。
　ホヤの抽出液の代わりに、その上澄みで、人工細胞ができるかどうかを試しました。
　人工細胞が生成しました。スフィンゴシンと DNA を混ぜて、その後、上澄み液を添加します。この混合物を卵の卵白内に注入して、7日間培養します。その卵白を10％牛血清入り培養液で培養します。沈殿物が生じます。この沈

殿物の中に、人工細胞が含まれます。

　ただ、この成績は、ホヤの蛋白質関連物質ではなさそうだということが判明しただけです。この上澄みには、なお多種の成分が含まれております。この有効成分を決めなければなりません。ここでも、科学者の勘が働きます。普通には、多糖類関連の成分として研究を進めると思います。筆者は、核酸関連ではないかと直感しました。ホヤの成分表を調べますと、確かに核酸関連成分が含まれております。ホヤから核酸関連物質を抽出して、これで、人工細胞が作製できるかどうかを試験しなければなりません。

　この課題に取り組むには、大別して2通りの方法があります。
（1）　ホヤからこの核酸関連物質を抽出して決める。
（2）　結合物（スフィンゴシン・DNA・上澄み液）に核酸関連物質があるかどうかを決める。

　どちらを選ぶかも研究がうまくいくかどうかを左右します。どちらの方法も、筆者の研究所では、設備不足でできません。委託することにしました。現在は、多くの機関が、研究委託事業を行っております。筆者は、まず、食品関係機関にホヤからの核酸関連物質の抽出を依頼しようと思いました。ただ、研究打ち合わせで分析に供給しなければならない試料は、ひとつの物質につき、数キログラムは必要であると言われました。核酸関連物質は、いくつもあります。この方法は、無理かと思いました。

　そこで、第2の方法を考えました。この方法は、数ミリグラム（もしくはそれ以下、マイクログラム単位）での研究です。これには、HPLC〈高速液体クロマトグラフィー〉という器具を用います。現役時代、多少、この器具をいじくりました。微量な試料で、物を同定できるのです。もちろん、委託先を見つけなければなりません。また、これを扱える優秀なスタッフがいる機関でなければなりません。いずれも初対面（メール）での話し合いになります。

　委託研究機関は多くありました。メールでの研究打ち合わせなどを通して相手の研究者の素質などを見ぬかなければなりません。かなりの方と連絡を取り合いました。最後に、地方の公的研究機関の方に依頼することにしました。よい研究者に出会いました。

早々に試料を送り研究を開始しました。

1-3 ホヤの核酸関連成分を同定する

研究は、適切な方法とそれを操る科学者がおりますと、束ねたヒモを解くように、面白いように解決されていきます。今回、スフィンゴシン・DNAに結合しているホヤの成分が何かということを追求しております。その中で、ホヤから蛋白質、核酸部分を除いた成分が、結合していることを突き止めております。この中で、どのような成分が結合して人工細胞を形成するかが課題です。研究者の勘で、まず、核酸関連物質〈ヌクレオシド〉に注目することにしました。

HPLCという装置は、適切なカラムと緩衝液を用いますと、その流れる速度で物質が同定できる装置です。優れものは、極微量（10μl）の試料で同定できます。

まず、上清液にヌクレオシドを、含んでいるかどうかを調べなければなりません。

これらの試料をHPLCで流しますと、いくつかのピークがあらわれました。これは、各成分に相当します。次に、これらを同定しなければなりません。このためには、対照となる、試薬が必要です。市販されている、ウリジン、チミジン、シチジン、アデノシン、グワノシンを購入しました。これらをまぜたものを調製してHPLCで流すわけです。流れてくる速度で同定します。そうしますと、ウリジン、グワノシン、チミジンが、含まれていることが判明しました。ホヤの抽出液には、多種のヌクレオシドを含んでいることがわかりました。

だいぶん、絞られてきたようですが、これだけでは証明になりません。実際に結合しているかどうかを調べなければなりません。あと一押しです。

1-4 解決法を考える

ホヤ抽出液にヌクレオシドが含んでいることがわかりました。ここで、どのようなヌクレオシドが結合しているか、その方法を考えるわけです。これは、

また楽しいひと時です。筆者は、まず、少し多め（通常の2倍）のスフィンゴシンとDNAを用いて、スフィンシン・DNAの結合物を調製します。これに、ホヤ抽出物を添加します。そうしますと、試料が多いせいか、肉眼でみえる沈殿物が生じました。これは、スフィンゴシン・DNA・ホヤ抽出物の結合物になります。この結合物にどのような成分が結合しているかを明らかにします。

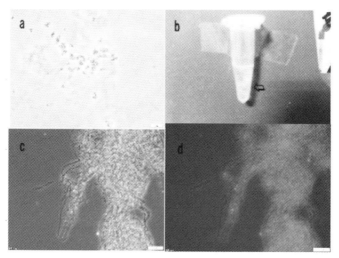

図1-2　スフィンゴシン・DNA・ホヤ抽出液による凝集物と
　　　　人工細胞の形成

スフィンゴシンとDNA、ホヤ抽出物を混合するとbに示すような凝集物が形成されます。これを位相差c、蛍光顕微鏡dで観察するとDNAを含む繊維状に形成されていることが示されました。この種を卵白内で培養するとaに示すような人工細胞が形成されます。

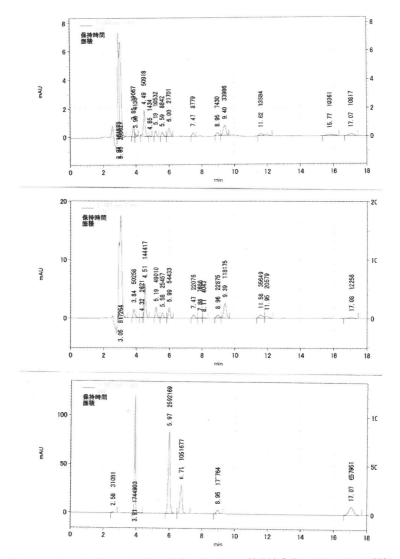

図1-3　スフィンゴシン・DNAに結合しているホヤ抽出液成分のHPLCによる解析
上：スフィンゴシン・DNA・ホヤ抽出結合物のHPLC試験
中：ホヤ抽出液のHPLC試験
下：標準物質としての市販のウリジン、アデノシン、グアノシン、チミジンのHPLC
　　ウリジンは、移動時間、5.97に、アデノシン、6.71、グアノシン、8.95　チミジン、
　　17.07に観察される。

このために、沈殿物の核酸成分を分析します。

抽出液に含んでいる核酸成分〈ヌクレオシド〉と比較し、沈殿物にそれが証明されればこれが結合しているということになります。これが、見事にHPLCで証明されました。

1-5 スフィンゴシン・DNA・ヌクレオシド結合物と人工細胞生成

スフィンゴシン・DNAに結合しているのは、ホヤに含まれているヌクレオシド、ウリジン、チミジンであることがわかりました。ただ、実際、このスフィンゴシン・DNA・ウリジン、チミジン結合物が卵白内で人工細胞を生成するのかどうかを証明しなければなりません。

方法は従来どおりです。スフィンゴシン・DNAに市販のウリジン溶液を混合して、これを市販の卵の卵白内に注入します。フラン器で7日間培養後、卵白を取り出して、人工細胞が生成されたかどうかを調べました。顕微鏡で観察しますと、人工細胞が、観察されました。これで、ほぼ確かになりました。

この研究はある面で生命科学において歴史的なことになります。

既知物質（試薬として販売されている化学物質）で人工細胞ができたということです。

ホヤ抽出を用いていたときには、酵素などの作用とか、悪く見る人は、コンタミによる結果として研究そのものを否定するわけです。今回の研究は、これらの考えをかなり排除したといえます。

人工細胞生成には、核酸ヌクレオシドの関与が考えられました。

ただ、核酸ヌクレオシドは、ウリジンだけではありません。アデノシンなどがあります。すべての核酸ヌクレオシドに関して人工細胞の生成を検討しました。

そうしますと、定量的な結果を出すことは無理でしたが、ウリジンとアデノシンが、人工細胞をよく生成することがわかりました。特にアデノシンは、優れているようでした。

アデノシンが、スフィンゴシン・DNAに結合するかどうか調べてみました。

予想通りの成績が得られました。

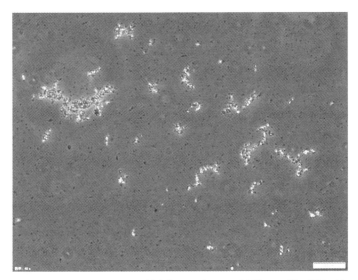

図 1-4　スフィゴシン・DNA 結合物にアデノシンを添加した際の様子（人工細胞の種）
ほぼ同じ大きさの小粒子が観察される。スケールバー：$20\mu m$

1-6　論文にする

　この研究は、スッキリしたものです。

　ホヤ抽出液中のスフィンゴシン・DNA 結合成分に関してということで論文を作りました。掲載をどの雑誌にしようかといろいろ調べました。生命科学の研究は、意外と欧州でよくやられているようです。関係する雑誌も多く出版されております。この中で、生命科学分野のオープンアクセス誌を選びました。論文が受理されない秘話は、序章でも述べておりますが、スフィンゴシン・DNA にヌクレオシドが結合するという、生命科学者なら多くの人が興味を持つことです。掲載は、問題ないと考えておりました。実際に、レビュラー（論文を審査する人）は、掲載 OK という感じでした。しかし、同じ時期に研究の親元に当たる、卵内での人工細胞の生成という論文が別雑誌に投稿審査中でした。この論文が、受理されないことがレビュラーに知られたようです。この論文は、当然、人工細胞との関連で研究しております。親元の論文が受理されず、こちらもボツとなりました。

しかし、この論文が出ませんと研究が前へ進みません。アジア系の生命科学系の雑誌を選び投稿しました。特に問題もなく受理されました。

ここで紹介しました作製法、写真、HPLC の成績等は、以下の論文から引用しております。

Inooka. S（2016）Preparation of Arificial Cells using Eggs with Sphingosine-DNA

J. Che. Eng. Process. Technol.,Vol.7,1 doi 10.4172/2157-7048.1000277

Inooka, S.（2016）Investigation of the chemical components of artificial cell seeds-sphingosine-DNA bound components from extract of the meat adult ascidians.

International Journal of Current Research in Life Science Vol.5, No.2, 532-540.

第2章　人工細胞は、卵（卵白）で形成される
― その仕組みを解く ―

2-1　どう進める研究

　スフィンゴシン・DNA に結合している成分（スフィンゴシン・DNA・結合物を人工細胞の種とします）が判明し、それを論文として残すことができました。

　しかし、ここからがまた難題です。この種が、卵白内でどのようにして人工細胞が生成されるのかということです。これを解明する方法がなかなか思いつきません。

　普通の方法は、卵白を加えた培養液に、人工細胞の種を加え、培養し、その様子を観察することかもしれません。

　卵白の主成分アルブミンは、いろいろ市販されております。ニワトリ、人、ウシ由来のものなどがあります。購入しました。これらのアルブミンを 10％程度加えた培養液を作製しました。これに、人工細胞の種を接種して培養しました。

　3～5日ごと、新しい培地に植え継いで、観察しました。人工細胞らしき物が、5代移植しても観察され、うまくいくかと思いましたが、やめました。顕微鏡での観察で人工細胞ができたとしても信用されないと感じました。科学者の勘です。これに集中しますと、かなり時間をロスします。試験管でなく、やはり卵（卵白）を舞台にしたほうが良いと判断しました。予算が少ない中で購入したアルブミンは、多少、無駄となったかもしれません。

2-2 一つの発想 ― アデノシンの運命を追及する ―

試験管内での研究を断念し、研究の舞台を鶏卵にすることにしました。

一つの疑問が生じました。種を卵白に移植した際に、種はどのようになるのか、その運命を追求しようと考えました。このマーカーをヌクレオシドにしました。

ヌクレオシドは、なにがよいかと考えましたが、効率よく人工細胞を形成する、アデノシンを選択しました。高濃度のアデノシン溶液を卵白に注入するのです。この卵を5日間培養し、卵白を回収し、この卵白からさらにアデノシンを回収します。ホヤ抽出物を採取したように除蛋白した分画を得ます（F-成分とします）。F-成分にアデノシンが存在するかどうかを高速液体クロマトグラフィー（HPLC）で確かめました。F-各分にアデノシンの存在が確かめられました。さらに、興味あることには、DNAが抽出されてくる成分（これをD-成分とします）にも、アデノシンが存在しておりました。通常は、この分画は、DNAのみが抽出されてくる箇所です。ここにアデノシンが含まれていました。これは、人工細胞生成の謎を解く鍵となるであろうと直感しました。

2-3 スフィンゴシン・DNAを凝集する ― D-成分 ―

D-成分にもアデノシンが存在していました。この成分が、スフィンゴシン・DNAにどのような影響を及ぼすかを知りたいと思いました。

試験管内で、スフィンゴシンにDNAを加え、混ぜて加熱します。これに、

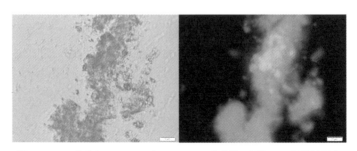

図2-1　D-成分をスフィンゴシン・DNA結合物に添加した顕微鏡写真
硬く凝集した形状を示している。蛍光顕微鏡では、DNAの存在を示す。
スケールバー：50μm

D-成分を加えます。混ぜて即座に、顕微鏡観察を行いました。どうでしょう、スフィンゴシン・DNA粒子が結合して凝集していました。スフィンゴシン・DNAだけでは、繊維状にはなりますが、凝集はみられません。
　研究はいろいろやるものだと思います。この凝集物にF-成分を添加しました。混合して、37℃で数分培養しました。顕微鏡観察を行いましたところ、粒子が形成されており、その粒子の中には、数十個に分裂している物もありました。ただ、これは、顕微鏡観察者（筆者）の知見で、他の科学者を説得させるにはいたっていません。
　顕微鏡観察だけでは、証拠が薄く、観察者の見間違いと指摘されることもあります。
　D-成分のどのような物質が作用しているかを明らかにしなければなりません。おおよその成分は、見当がつきます。アデノシンは存在しております。また、D-成分は、エタノールの沈殿物ですので、エタノールに不溶の物質ということになります。これを同定するために、薄層クロマトグラフィー（TLC）を用いることにしました。
　F-成分を添加しますと、細胞様構造を形成します。細胞様構造を形成するということは、脂質が関連していること、容易に推察されます。
　F-成分をTLCを用いて、検討しました。TLCで展開してみますと、2つのスポットが見られました。一つは原点にあります。F-成分が、2種類の脂質関連物を含んでいることが推察されました。
　このことは、スフィンゴシン・DNAを凝集するのにアデノシン、脂質が関連していることを示します。ただ、脂質といいましてもいろいろな種類があります。どのような脂質かは、TLCを行う際に既知の脂質（標準物質）をおいて推定します。
　同定は、さほど、難しくないと思いました。卵白の研究はだいぶん進んでおります。その卵白に含まれている成分です。卵白の成分を調べてみました。脂質成分として記載されているのは、飽和、不飽和脂肪酸、トリグリセリドなどです。
　話は、ズレますが、卵白の脂質成分を知りたいと思い、卵専門のメーカーの

方に相談しました。卵白に脂質は含まれていないと言われ驚きました。ただ、すぐに、訂正がありました。卵白の脂質は、栄養的には、無視できる程度のものということでした。なぜ、含まれているのか、どのような作用をしているのか、長年、研究されている卵白ですが、まだまだ未解決なことが多い、奥深い素材であるということを実感しました。

　文献的に、TLCの移動度を見ますと、原点に留まるものは、モノグリセリド、原点から離れているのは、トリグリセリドらしく思われました。

　実際に、これらの標準物質を購入し、比較しました。D-成分には、モノグリセリドが含まれていることが推察されました。F-成分は、トリグリセリドらしく思われます。

　ただ、後述しますように、脂質の同定は、未解決です。

2-4　卵白有効成分を同定する

　卵白の中で人工細胞の生成に関与する成分が脂質であり、その脂質の種類も推察されました。また、卵白は、研究が進んでいる素材でもあります。この脂質を同定することは、時間をかけずにできるものと考えました。脂質の同定は、HPLCとマス分析の組み合わせで行いますと、構造式まで明らかにされます。当研究所ではできませんので、委託しなければなりません。

　このような未知物質〈脂質〉を同定してくれる企業は、多くあります。

　どこがよいか調べました。しかし、予想外に高価でした。条件もあるようです。

　HPLCのデータが十分なものであると、数十万円程度で同定できるが、不十分であるとHPLCのデータも作成しなければならず100万円近くかかるということでした。さらに、構造を決めるとなると数百万円はかかるということでした。年金の一部を研究費に当てて研究している身分では、到底、委託はできません。あきらめました。

2-5 アリ地獄に入らないために ― 柔軟な考えを備える ―

　今振り返りますと、筆者の大学時代の研究はアリ地獄に入り、もがいていたようです。

　研究材料は、マクロファージという細胞を使用しておりました。この細胞は、体内でいろいろな異物を処理するために清掃細胞とも言われております。その体内での機能は、未解決なところもあります。ガン細胞を破壊する役割も報告されております。

　筆者は、このマクロファージからガン細胞を殺す新たな物質が産生していることを突き止め、この物質を同定することに夢中でした。大学はいろいろな専門の先生がおられます。先生方の協力を得て、研究開始早々に、TLC で 1 本のバンド（分離された状況）のみとなりました。マス分析で構造解析ができます。すごいことです。ところが、これが、コンタミ（細胞由来でない）とわかりました。継続しましたが、これからが地獄のようでした。最後に脂質が関連していそうだということまでわかりましたが、同定までいきませんでした。5 年以上は、費やしていたかもしれません。一応、ガン細胞破壊因子（OGDF）の作製法として特許はとりましたが、眠っている状況です。

　同定が容易そうに見える物質でも、明らかにすることは、なかなか困難かもしれません。

　卵白の脂質〈D- 成分、F- 成分〉の研究を始めてからほぼ 1 年になります。筆者の研究できる期間も限られております。このままこの研究を継続しますと、また、大学時代のアリ地獄にはまりそうです。今回、卵白内の脂質を同定するという研究は一時断念することにしました。D- 成分、F- 成分ということで結論をつけることにしました。

2-6 結論として論文にする ― 人工細胞の生成機構 ―

　卵白内での人工細胞の生成機構、仕組みがほぼ明らかになりました。
　結論は、以下のようです。
　スフィンゴシン・DNA 結合物を卵白に注入すると、卵白内のアデノシン-脂質化合物（D 成分と名づける）によりスフィンゴシン・DNA が凝集する。

この凝集物に卵白内脂質（F-成分）が作用することにより人工細胞が形成される。

さらに顕微鏡観察によると、スフィンゴシン・DNAの結合により、スフィンゴシン・DNAの繊維（熱処理で粒子となる）が、形成される。この繊維に、D-成分、あるいは、アデノシン・F-成分（脂質）化合物を加えると、スフィンゴシン・DNAの束が形成される。この束が、F-成分の脂質により自然とループになり、細胞が形成されるという結論になりました。

さらに、このような人工細胞を観察中に、ひとつの大きな現象を見いだしました。DNA冠細胞です。

このD-成分の脂質は、同定できませんでしたが、モノグリセリドと類推しました。

モノグリセリドの一つ、モノラウリン酸を用いて、ここで見られたような人工細胞が形成されるかどうかを検討しました。モノラウリン酸で、DNA冠細胞（人工細胞）が、形成されました。これらの合成法、DNA冠細胞につきましては、詳しく次章で述べます。

上の内容を論文にまとめました。この頃になりますと、編集者から、論文を書いてくれという要請（招待論文）が多々あるようになりました。どの雑誌に投稿するか選ぶ立場になりました。研究内容が理解されやすく、読者が多そうな雑誌を選びました。

この章での研究成果は、次の論文に掲載されております。

Inooka, S.（2016）Aggregation of sphingosine-DNA and cell construction using components from egg white. Intergrative Molecular Medicine 3(6), 1-5
　doi：10.15761/IMM.1000256

第3章　人工細胞研究の新展開
―DNA冠細胞の発見―

　卵白内でのアデノシンの挙動を追求中、人工細胞は、アデノシン・脂質化合物が、スフィンゴシン・DNAを凝集し、さらに卵白内脂質により細胞を形成するという事を明らかにしました。この脂質が何かということは、だいぶん研究をしましたが、同定するまでには至りませんでした。同定する研究を一時やめることにしました。研究活動を人工細胞の顕微鏡観察に集中することにしました。この研究中、人工細胞は、外膜がDNAから成り立つていることを見いだし、これらの細胞をDNA冠細胞として命名しました。この章では、DNA冠細胞の発見の経緯を中心に述べます。

3−1　DNA冠細胞―その発見まで―
3−1−1　旅ガラスの観察
　卵白脂質〈D-成分、F-成分〉の同定を一時、回避することにしました。顕微鏡観察に重点を置くことにしました。顕微境観察だけは、委託はできません。筆者自身が行わなければなりません。ただ、筆者の研究所には、写真撮影できる顕微鏡はありません。また、DNAの観察には、蛍光顕微鏡という特殊な顕微鏡が必要です。どこか、貸してくれるところを探さなければなりません。

3−1−2　地元の産業技術センターでの観察
　地元の産業技術センターに蛍光顕微鏡があることを知りました。地元ですので日帰りできます。試料などを持参して顕微鏡を使用させて頂きました。蛍光顕微鏡を使用する直前に知りました。DNAの観察には、特殊な備品（フィ

ルター）を必要とします。この施設には、それがありません。DNAの観察は諦めて通常の観察のみを行いました。帰宅後、写真をプリントしましたが、写りがよくありません。筆者のために新しいフィルターを備えてくれともいえません。蛍光顕微鏡を貸してくれる新たなところを探さなければなりません。

3-1-3　オリンパスでの観察

　顕微鏡販売の大手の会社、オリンパスで使用させてくれるという情報を得ました。早々に交渉して、快諾を得ました。大変立派な施設で、個室で蛍光顕微鏡を観察できる場所を選んで頂きました。ここでは、DNAを観察できるフィルター、観察用カメラなど、すべて一流のもので、しばらく快適に使用させて頂きました。しかし、この企業で上層部の不祥事が生じました。これが、社会的に大きな問題となりました。経営もかなり落ちていったようです。これらが、影響したかどうかはわかりませんが、今後、顕微鏡観察の使用は、顕微鏡を購入するものに限るということになったようです。特別扱いもできないようで、使用できないことになりました。東京の中心部で、交通の便もよいところでした。また、現在の顕微鏡はいろいろな機能が備わり、便利な半面、取り扱いができるまでかなりの時間を要します。だいぶん慣れてきた段階でしたが、会社の方針でやむをえませんでした。新しい場所を探さなければなりません。

3-1-4　東京都立産業技術センターでの観察

　オリンパスの役員に使用継続をお願いしようかとも思いましたが、それでは、担当者の方が傷つきますのでやめました。担当者の方から同じ機種の顕微鏡が、東京都産業技術センターに備えられていると教えて頂きました。

　使用できるかどうか交渉が始まりました。今度は、公共施設ですから、いろいろ手続きが必要でした。なんとか使用できるようです。ただ、場所がよくわかりません。調べましたら、東京郊外のゆりかもめ線沿いにあることがわかりました。

　観察用のすべての機材（スライドグラスなど）を大きな買い物袋のようなものに入れて、新幹線、ゆりかもめ線と乗り継ぎ都立産業技術研究所に出向き

ました。観察は、朝9時から夕方5時まで昼食抜きで観察します。次の日まで観察を必要とするときは、近くのホテルに宿泊します（通常2泊3日の行程です）。前と同じ機種といわれましても、顕微鏡の操作法を一から教わります。現役時代は教える立場でしたが、教わる立場になりました。コンピューターとセットで、操作方法が、なかなか覚えきれません。30分はかかります。ようやく、試料を顕微鏡にセットして観察を始めました。何せ、欲張りますので、観察する試料は、かなり多く持ちこみます。このセンターで、DNA冠細胞につながる映像を見いだしました。試料の一滴をスライドグラスにおとしカバーグラスをかけて観察します。そのなかで、赤い輪のような形状が多数、観察されました。DNAが赤く染まるのです。なんだ、たんなる液胞かと思いました。試料には溶液を含みますので、試料の調製中、液胞が生じます。これが染まる可能性があります。以前にも、たまに見ていたので、またかという思いでした。しかし、写真は撮っておきました。

　動画も撮りたいと思いました。なにせ、スフィンゴシン・DNA結合物にD-成分を添加すると、粒子が大きくなり、大きな粒子が多数の粒子に分かれます。この現象は、30分以内に行われます。通常の顕微鏡でも撮影は可能です。今回は、予備的にということで、撮らせて頂きました。うまくいきそうです。ただ、担当者から、この部屋は、かなり無菌的状態が要求され、持ち込み試料の観察は、難しいようなこともいわれました。新たに、筑波の産業技術研究所を紹介されました。

3-1-5　産業技術総合研究所：つくばセンターでの観察

　東京都の担当者から、筑波にはいろいろな器材があり、このような器材が、使用できることを教えて頂きました。以前には、筑波に頻繁に出向いておりました。当時から、このような施設で、実験できたら研究も進んでいたかもしれません。ともかく、一度は、訪ねてみようと問い合わせました。いろいろ書類の提出など求められましたが承諾を頂きました。8月の猛暑のなか、試料を持参して訪ねました。観察は、9時から17時まで、昼食抜きで行います。ここでの蛍光顕微鏡はドイツ社製でした。操作法をはじめから教わりました。た

だ、ここでは、筆者が希望しているフィルターの備えはありませんでした。残念ながら観察だけとなりました。しかし、この研究所には、いろいろな器材が備わっており、また、細胞培養ができる施設も借りられるようです。今後、また、利用できる機会もあるようです。

3-2　外膜が DNA で構成されている細胞

　東京都産業技術センターから帰宅後、写真の整理を始めました。例の赤い輪です。つくづくと眺めました。夕陽が沈むような映像です。これは、液胞ではなく、何か構造物ではないかという考えになりました。とすると、周りの赤いものは、DNA であろうということです。周囲が、DNA で覆われた輪であろうと考え、いろいろな写真を見直しました。やはり、これは、周囲が DNA で覆われたものと結論しました。

　これだけでは、顕微鏡観察者の主観が入ります。筑波では、これを裏づけました。束になったスフィンゴシン・DNA が、円状となることが、観察されました。これが、DNA 冠細胞です。これは、卵白内で人工細胞が生成される際、その源の細胞（幹細胞）となると考えられます。

3-3　DNA 冠細胞 ― 命名の経緯 ―

　外周に DNA の輪を持つ細胞を見つけました。ただいつもこの表現では、長くなります。名前を付けようと思いました。熟慮の末、最後は DNA を冠にしている細胞がよいと思い DNA 冠細胞と名づけました。サイトオルガニズムは筆者の造語でした。DNA 冠細胞という名前もあまり聞いたことがありません。これもまた筆者の造語かと思いました。論文として出す場合、いろいろ調べます。すでに使用されていることがわからず論文にしますと科学者としての素質が問われます。論文を出す前ネットで調べました。DNA 冠細胞は、見当たりませんでした。ただ、この論文は、論文を提出して受理、審査などで、発行に約 3 か月ほどかかりました。不思議ですが、3 か月後に再度、DNA 冠細胞について調べました。今度は DNA 冠細胞がありました。DNA 冠細胞に関しての説明等はなく、図、表などでの掲示でした。筆者の造語、サイトオルガ

ニズムの知名度は、ほとんどありません。造語でない方が、都合がよいです。ネットで、DNA冠細胞を見いだしてかなり安堵しております。ネットでの主なDNA冠細胞はプラスミドです。その構造は〈外周がDNAであるということ〉、筆者が見いだしたDNA冠細胞の構造と同じです。

第4章　DNA冠細胞を作る

4-1　DNA冠細胞の合成
4-1-1　作製の契機

　人工細胞が、卵白内のアデノシン・脂質で生成されるということを見いだしました。ただ、まだこれでは、科学的に共鳴を得られません。肝心の脂質が同定できておりません。これを打開するにはもちろん、脂質を同定すればよいわけです。しかし同定は、環境条件、経費などで、困難なことがわかりました。別の道を選ばなければなりません。そこで、このような細胞を合成することを考えました。このようなDNA冠細胞が合成できたら、DNA冠細胞は多くの科学者に理解されます。

　構成されている素材は、おそらく、アデノシンと脂質のみです。合成は難しくないと思いました。まず、アデノシンと脂質の化合物を作製することです。脂質の一つは、モノグリセリドであろうと類推されました。モノグリセリドの中からモノラウリン酸を選び、購入しました。

　スフィンゴシン・DNAを凝集するD-成分は、エタノールで沈殿、アデノシン・脂質という単純な化合物です。試験管内にアデノシン溶液と脂質（モノラウリン酸）を混ぜ、これにアルコールを加えれば沈殿物が生じるはずです。しかし、なかなか沈殿物ができませんでした。根気よく検討しました。沈殿物を形成させるのにアルコール濃度が関係することに気付きました。アルコールの濃度を変えて試験しますと、沈殿物（アデノシン―脂質）が、得られました（この化合物をA-Mとします）。これを乾燥させ、使用時には、一定の濃度に希釈して用います。問題は、A-Mが、スフィンゴシン・DNAを凝集させるかどうかです。スフィンゴシン・DNAを調製し、おそるおそるA-Mを

添加しました。混合しますと、リング状のものが観察されました。筆者の顕微鏡は蛍光顕微鏡でないので、DNA が存在しているかどうかは不明でしたがほぼ間違いがないと感じました。

なお、別の問題もあります。これだけでは、人工細胞生成との関連は不明です。これを、卵白内に注入して人工細胞ができるかどうかが問題です。いつものように卵白内に注入し、培養します。その卵白をさらに培養しますと、沈殿物が得られました。顕微鏡で観察しますとそれらしき（人工細胞）姿が、観察されました。

これが、外膜に DNA を含むかどうかを知るために、筑波の研究所で観察しました。

周囲に DNA を保有した細胞様構造物が観察されました。間違いなく DNA 冠細胞が形成されておりました。作られる仕組みもわかりました。

やはり、繊維状のスフィンゴシン・DNA が束になるのです。このスフィンゴシン・DNA の束が、自然と輪を形成するのです。それで細胞が形成されます。

輪が形成される際、さらに、脂質（F- 成分、モノラウリン酸）が関係していることがわかりました。また、卵で培養した卵白中にも DNA 冠細胞がみられました。

論文に投稿できるような写真を撮影するために、再度、東京の研究所へ出向きました。

4-1-2 DNA 冠細胞を合成する ― その作製の手順 ―

ここで、論文で紹介しております作製法の一例を紹介します。非常に簡単にできます。

（1） 初めに、アデノシン・モノラウリン酸の化合物（A-M）を作ります。
A-M は、アデノシン溶液とモノラウリン酸を混ぜて、アルコールを加えると、沈殿物ができます。これを乾燥させて、使用時に溶解します。

（2） 次に、スフィンゴシン（Sph）と DNA を混ぜて、スフィンゴシン・DNA 結合物を調製します。これに A-M 溶液を添加します（Sph-DNA-

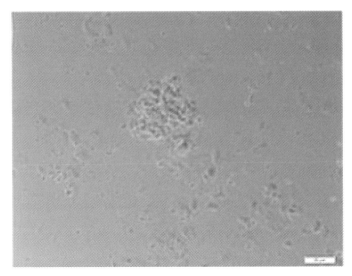

図 4-1　合成したアデノシン・モノラウリン酸化合物をスフィンゴシン・
　　　　DNA 結合物に添加した際の顕微鏡写真
　　　硬く結合している凝集物観察される。スケールバー：20μm

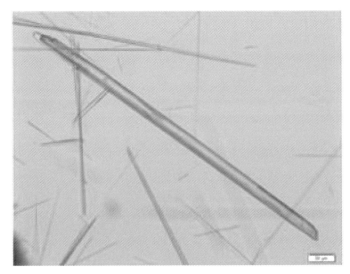

図 4-2　合成したアデノシン ─ モノラウリン酸化合物をスフィンゴシン・
　　　　DNA 結合物に添加した際の顕微鏡写真
　　　さまざまな太さの結晶様産物が観察される。スケールバー：50μm

第4章 DNA冠細胞を作る 41

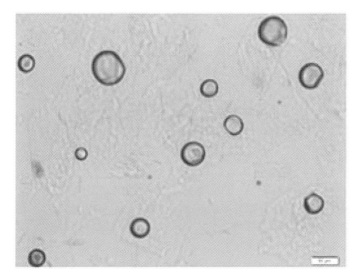

図 4-3 スフィンゴシン・DNA 結合物にアデノシン・モノラウリン酸化合物を添加して形成される DNA 冠細胞 (A)
さまざまな大きさの細胞が観察される。スケールバー：50μm

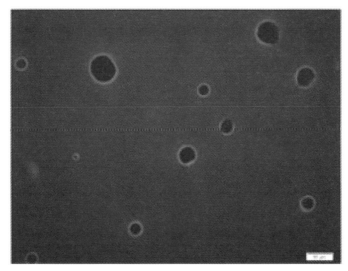

図 4-4 前の写真 (A) の蛍光顕微鏡による観察
外周が赤く染まり DNA の存在を示す。スケールバー：50μm

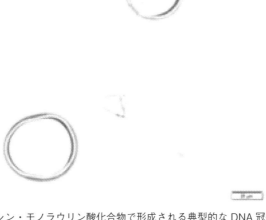

図 4-5　アデノシン・モノラウリン酸化合物で形成される典型的な DNA 冠細胞
　　　外周が明瞭に観察される。スケールバー：20μm

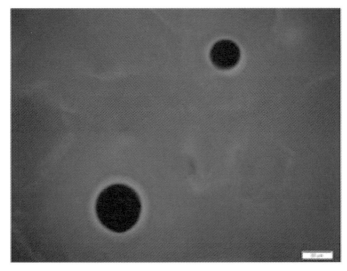

図 4-6　前の写真（C）の蛍光顕微鏡による観察
　　外周は、赤く染まり DNA の存在を示している。スケールバー：20μm

A-M)

凝集物と結晶物が形成されます。この時点で、既に DNA 冠細胞がみられます。
(3) Sph-DNA-A-M にモノラウリン酸溶液を加えます。さまざまな大きさの DNA 冠細胞が形成されます。

4−2　DNA 冠細胞をバイオテクノロジーで作製する

　DNA 冠細胞は、バイオテクノロジーでも作製できます。

4−2−1　卵白成分（D- 成分、F- 成分）による作製

　この作製法は、第 2 章で述べております。おおよそは、以下の方法で作製できます。
(1) まず、アデノシン溶液を鶏卵卵白に注入する。
(2) 卵を 5 日間ほど 37℃で培養する。
(3) 卵白からクロロホルム、フェノールで、除蛋白を行う。
(4) 上澄を採取する（F- 成分）
(5) エタノールを加え沈殿する分画を採取する（D- 成分）。
(6) スフィンゴシン・DNA 結合物に、D- 成分を添加する。
(7) (6) に F- 成分を添加する。

　以上の操作で DNA 冠細胞が作製される。

4−2−2　培養細胞からの作製 ― その契機 ―

　DNA 冠細胞作製法を論文にするなかで、これまでの研究内容などをいろいろ見直しました。サイトオルガニズム発生説で、サイトセル、サイトパーティクルが種となることを述べてきました。サイトセルは、スフィンゴシン・DNA が、細胞全体を包んで形成された物です。といいますと、これは、細胞の外周囲が、DNA で覆われているということになります。これは、明らかに DNA 冠細胞です。当時は、DNA 冠細胞という概念を思いつきませんでした。

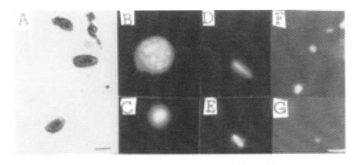

図4-7　培養細胞によるDNA冠細胞の形成
培養細胞にスフィンゴシン・DNAを添加すると、スフィンゴシン・DNAが細胞の周囲を取り囲み〈B〉シュリンクさせて、最後には（G）、3μm以下のDNA冠細胞となる。スケールバー：10μm。A、光学顕微鏡（ギムザ染色）、スケールバー：20μm

サイトパーティクルは、スフィンゴシン・DNAが、細胞を破壊して、粒子を形成してできます。これも同様にDNA冠細胞となります。

このように、培養細胞にスフィンゴシン・DNAを添加しますと、DNA冠細胞が形成されます。筆者の研究の原点には、DNA冠細胞をバイオテクノロジーの手法により作製するということがありました。

4-3　多種、多様なDNA冠細胞が作製できる

DNA冠細胞は、スフィンゴシン、DNA、アデノシン、モノラウリル酸の組み合わせで作製できます。理論的には、この組合わせを変えると（たとえば用いるDNAの種類を変えるなど）、無数の種類のDNA冠細胞が作製できます。

現在、一つ試みております。これまでは、市販のDNA（大腸菌由来の物）を用いておりました。今回、筆者のところで抽出した牛肉のDNAを用いてDNA冠細胞を作製してみました。まったく同じ方法で、DNA冠細胞ができました（牛肉DNA冠細胞としました）。

4-4　受理される論文

DNA冠細胞に関しては、すべて、スムーズに論文が採用されました。この時点で、投稿、受理された論文はすべて、ネットでリストされました。

10.15761/IMM.1000256 - Google Scholar

Aggregation of sphingosine-DNA and cell construction using components from egg white
S Inooka - Integrative Molecular Medicine, 2016 - oatext.com
... Volume 3(6): 1-5 Integr Mol Med, 2016 doi: **10.15761/IMM.1000256** ISSN: 2056-6360 ... Page 2. Inooka S (2016) Aggregation of Sphingosine-DNA and cell construction using components from egg white Integr Mol Med, 2016 doi: **10.15761/IMM.1000256** Volume 3(6): 2-5 ...
Cited by 2   Related articles   All 2 versions   Cite   Save   More

DNA Crown Cells: Synthesis and Self-replication
S Inooka - Int J Biotech & Bioeng, 2017 - biocoreopen.org
... 8. Inooka S., (2016) Aggregation of sphingosine-DNA and cell construction using components from egg white. Integrative Molecular Medicine 3(6):1-5 Doi:**10.15761/IMM.1000256** 9. Inooka S., (2000) Cytoorganisms (cell-originated cultivable particles) with sphingosine-DNA. ...
Cited by 1   Related articles   Cite   Save   More

Biotechnical and Systematic Preparation of Artificial Cells (DNA Crown Cells)
S Inooka - Global Journal of Research in Engineering, 2017 - engineeringresearch.org
... 4. Inooka S. (2016) Aggregation of sphingosine-DNA and cell construction using components from egg white. Integrative Molecular Medicine 3(6), 1-5. doi:**10.15761/IMM.1000256**. 5. Inooka S. (2000) Cytoorganisms (cell-originated cultivable particles) with sphingosine-DNA. ...
Related articles   All 3 versions   Cite   Save

図4-8　Google Scholarにリストされた DNA 冠細胞に関する論文

この後、DNA 冠細胞に関して、下記、論文を公表しております。
Inooka, S. Systematic Preparation of Artifical Cells（DNA Crown Cells）J. Chem. Eng. Process Technolo.2017, 8. 327, doi:：10.4172/2157-7048.10000327
Inooka, S. Systematic Preparation of Bovine Meat DNA Crown Cells. APP CELL BIO., JAPAN. 2017, 30. 13-16.

第5章　なぞが解けた
―答えは、簡単―

賢明な読者の方々は、第2章から第4章を通して、卵内でどのようにして人工細胞ができるかは、すでにご理解されたと思います。引き出された答えは、意外と簡単なものでした。この章で、解説します。

5−1　科学は謎解きか

筆者に対する謎は、スフィンゴシンとDNAを混ぜた物を卵白内で培養するとどのようにして、人工細胞が生まれるかということです。DNAは、すべての細胞に存在しております。また、スフィンゴシンも、どの真核細胞にも化合物の形（脂質として）で含まれます。この2成分が主体となり、人工細胞が生成されるのです。

当初は、これにホヤの抽出液を混ぜて、人工細胞を作製しました。このケースでは、ホヤに含まれている何か細菌がコンタミしたのではないかと思われるのも致し方がないかと思います。しかし、ホヤの有効成分がウリジンであることを突き止め、さらに、アデノシンなどのヌクレオシドが、スフィンゴシン・DNA結合物に結合して人工細胞が生成されることを明らかにしました。重要な知見は既知の市販されている化学物質だけで、人工細胞ができたのです。化学物質だけですので、コンタミという心配が、かなり薄くなりました。しかし、さらに信用を得るには、卵内でどのようにして生成されるのかを示さなければなりません。

筆者は、このスフィンゴシン・DNA・アデノシン結合物を人工細胞の種としました。

今回の謎は、この種が卵の卵白内でどのようにして人工細胞ができるかとい

うことです。一つひとつ謎をヒモ解いていきます。まさに、科学は謎を解く学問といえるかもしれません。

5-2 その仕組みに迫る

仕組みを解く前に、卵白内でどのようにして生命体ができるか、仮説を思案しました。当初の考えは次のようでした。
（1）　スフィンゴシンがDNAに結合する（a）
（2）　スフィンゴシン・DNAの結合物にヌクレオシド（特に、アデノシンが効果的で研究は、アデノシンを用いて行う）が結合する（b）
（3）　スフィンゴシン・DNA・アデノシン結合物を卵白内脂質が取り囲む（c）
（4）　人工細胞が生成（d）

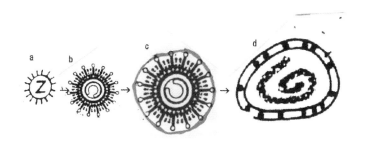

図5-1　当初思案した人工細胞形成機構
最初、スフィンゴシン・DNA結合物（a）に結合因子〈アデノシン〉が結合し〈b〉、種を形成する。この種の周囲に何らかの脂質が取り巻き、構造物（細胞）を形成（c）する。その後、DNAが、細胞内で複製する（d）。

　細胞の外膜は、脂質、蛋白、脂質という複合物から構成されております。
　そこで、スフィンゴシン・DNA・アデノシン結合物に、卵白内の脂質関連物質がとり囲み、細胞の構造をとるのではないかと考えました。この考えは、ごく常識的であると思います。最終的な人工細胞の構造は、DNAが細胞の中心にあるということです。これはどの細胞にも見られる形です。しかし、予想通りではありませんでした。

答えは

スフィンゴシン・DNA 結合物は、細い繊維を形成します (a)

これに、アデノシン、卵白内脂質化合物の作用で、凝集物、繊維の束となる (b)

この凝集物、束が、卵白の脂質の作用で細胞が形成される (c)

ということです。

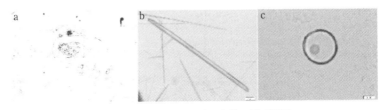

図 5-2　明らかにした人工細胞の形成機構
(a)　スフィンゴシンと DNA が結合すると細い繊維が形成される。
(b)　このスフィンゴシン・DNA 繊維が、アデノシン・モノラウリン酸化合物により、束状になり、太くなる。
　　ここでは、結晶状の写真を示したが、凝集物も形成される。
(c)　この束が、モノラウリン酸等の刺激で自然とループ状になり、細胞を形成する。

5-3　謎の答えは、簡単

謎を解く前は、相当難しいように思いましたが、解き終わると「ああそうか」という思いです。ここでの回答は、スフィンゴシン・DNA の繊維が、アデノシン・脂質化合物で束になり、これが自然と輪を形成し、細胞が形成されるということになります。

補足しますと、スフィンゴシン・DNA を外膜とした、DNA 冠細胞が、卵白アルブミン内で作られ、これが人工細胞の素の細胞となるということです。

5-4　謎を解いた — スフィンクス大王からの贈り物 —

この研究では、スフィンゴシンが主体のひとつです。スフィンゴシンは、すべての真核細胞の膜に存在しておりますが、DNA の研究と比べ研究がだいぶん遅れており、それゆえ、知名度の低い物質でした。筆者が師事をうけました

箱守教授（ワシントン大学、シアトル）は、この研究領域の世界的な研究者で、この業績で教授は、当時、日本人のノーベル賞候補10人に選ばれました。

スフィンゴシンの語源は、スフィンクスから由来しております。周知のようにスフィンクスは人造物です。旅人に謎をかけて答えられないとむさぼり食うという伝説もあります。

この研究に際して、筆者は、エジプト在住のスフィンクス大王から謎をかけられていたようです。スフィンゴシンは、生命の誕生とどう関係するかという謎をかけられておりました。今回、スフィンクス大王から、謎を解いた御褒美をもらえたようです。

DNA冠細胞の研究も一段落して、家内とクロアチア旅行のツアーに参加しました。

図5-3　スプリット（クロアチア）で見たスフィンクス像

予期せぬことがありました。スプリットに、スフィンクス大王の子供がいました（筆者がかってに子供として命名）。今回のご褒美に彼の子供に会わせてくれたようです。

第6章　人工細胞
― 産業への応用の新展開 ―

　応用面に関しては、具体的な進展がありませんが努力しました。また、今回、人工細胞がDNA冠細胞であるという知見を得ました。応用の可能性が、広がったと思われます。今後に向けて、産業面で、どのように応用されるか展望してみます。

6-1　序　文
　応用面に関しては、具体的な進展がありませんが、努力しました。また、今回、人工細胞が、DNA冠細胞であるという知見を得ました。応用の可能性が、広がったと思われます。

　現在、人工細胞（リポゾーム）は、薬剤誘導剤として、商品化されており、臨床的にも用いられております。さらに効率の良い薬剤誘導リボソームの開発かおこなわれております。ここでは取り上げませんが、DNA冠細胞もこのような機能は、期待されます。ただ、商品化への道のりには、リポソームの、多量で均一な大きさの作製法等も含まれます。DNA冠細胞の応用化においても、今回の筆者の基礎作製法をもとに、多量生産方法が、開発されなければなりません。また、プラスミドのように自然界でこのようなDNA冠細胞が見いだされれば、それを利用するという事もあるかと思います。これらの問題があることも踏まえまして、産業面でどのように応用されるかを展望してみます。

6-2　無駄とわかりながらの挑戦
6-2-1　健康食品を組み合わせる
　研究期間は、限られています。できるだけ早く結論がでそうな素材は、健康

食品です。人工細胞を用いて、これまで市販されている健康食品に付加価値を付けられないかという考えが、浮かびました。うまくいけば、人工細胞は、ガンの予防、治療、その他、多くの病を緩和することなどに期待が持てるかもしれません。しかし、健康食品の効果が評価されるのはかなり大変です。キノコに含まれるβ-グルカンが、表に出るまで20数年はかかりました。しかし、いまだ、キノコの効果の謎がすべて解けたわけではありません。健康食品は、とり付きやすい素材ですが、科学的な評価を受けるには、相当な期間を要します。筆者には、業績を求める時間的余裕はありません。しかし、人工細胞をどのようにして応用するかということに対して、なにか研究のキッカケが必要です。筆者の考えは、やれることをまず行う。そこから新たな展開が生まれることを期待するわけです。

6-2-2 人工牛肉細胞の作製

この研究に取り組むために、はじめに、食材由来の人工細胞を作製することにしました。これまでは、基礎研究ということで、主に、市販されている大腸菌由来のDNAを用いておりました。ただ今後、健康食品として利用

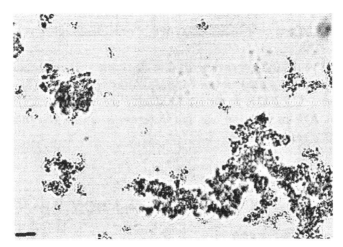

図6-1 牛肉人工細胞の顕微鏡写真
丸い粒子、その凝集物が観察される。スケールバー：$20\mu m$

する際、大腸菌では印象がよくないと思いました。食材としまして、牛肉を選びました。スーパーにいき普段食べられないような極上の牛肉（仙台牛；No.1337997995）を買い求めてきました。現在は、飼育者がわかるようにコード番号も付けられております。DNA抽出用に数グラムをとり、残りは、ステーキにして、おいしく頂きました。

この牛肉DNAをもとに人工牛肉細胞を作製しました。形状は、小円形様のものが多く見られます。ただ、大腸菌由来人工細胞と比べますと、卵白内での増え方が遅いようです。ともかく、これを用いることにしました。

6-2-3 人工細胞とβ-グルカン混合物

牛肉人工細胞ができますとその後は簡単です。健康食品は、いろいろ販売されておりますが、はじめにβ-グルカンを選びました。これは、上述したキノコに含まれるガン抑制物質として注目されました。キノコ、酵母由来などの製品が、市販されております。簡単な方法で、β-グルカン包含人工細胞を作製しました。牛肉人工細胞を含む卵白とグルカンを混ぜて乾燥、粉末にするだけです。人工細胞を加えたということで付加価値がついたかどうかは、不明ですし、それを証明するには、相当な期間を必要とします。ただ、牛肉人工細胞を用いて作製したということだけですが、この成果は、筆者の編集している雑誌に掲載しました。

Inooka, S. Preparation of artificial bovine meat cells and those associated with beta-1-3-D-glucan. APP CELL BIO., 2015, 28. 15-19.

6-2-4 抗ガン剤を組み合わせる ― ドキソルビシン ―

健康食品では、評価を得るのに相当時間がかかります。そこで、評価がすぐにわかるかもしれない素材、抗ガン剤を用いる事にしました。抗ガン剤は、以前に使用したことがあるドキソルビシンを用いました。高価でしたが、購入しました。試薬用として市販されております。

調製は簡単です。牛肉人工細胞を含む卵白とドキソルビシンを混ぜて、乾燥するだけです。これを、試験管内で培養した肝ガン細胞に添加して、細胞の破

壊される割合を、薬剤のみ添加した肝ガン細胞の破壊と比較するわけです。この薬剤は抗ガン作用も強い反面、副作用も強く、できるだけ投薬量を少なくして治療する方法が望まれております。試験管内では、対照は、即座にガン細胞を破壊するが、人工細胞とドキソルビシンを混ぜた物では、緩やかにガン細胞が壊れていく傾向がみられました。副作用の軽減が期待されました。ただ、このような現象が、人工細胞によるものかどうかは、いろいろ調べなければなりません。結論は出ておりません。

　反響は多くないと思います。雑な論文になりましたが、まとめておきました。

　Inooka, S. The effect of artificial meat cells in combination with doxorubicin on hepatocellular carcinoma. APP CELL BIO., 2016, 29, 17-23.

6-3　DNA冠細胞 ― 応用への期待 ―
6-3-1　遺伝子工学におけるプラスミド

　プラスミドは、染色体以外の細胞内に存在しているDNAで、細胞内で複製し、次世代に持ち込みます。プラスミドは、レーダーバークが、1952年に提唱して以来、遺伝子工学の主流の道具として用いられるようになりました。プラスミドのDNAは、環状DNAをとり、筆者が見いだしたDNA冠細胞と同じような構造になります。

　ネットでDNA冠細胞が紹介されておりますが、これには、プラスミドも含まれております。

　遺伝子工学を用いた医療、農業、環境などの産業界への貢献が、ますます期待されます。特に、遺伝子編集、そのクリスパー・キャス9による技術的進展により、応用、実用化が、現実みとなってきております。これは、負と思われる遺伝子を新たな遺伝子に取り換えて、治療、改良等を行おうとするもので、人のみならずあらゆる生物に適応できる可能性を持ちます。

　また、環状DNA、プラスミドの医療面での応用には、DNAワクチンがあります。これは、プラスミドに、腫瘍抗原の蛋白質をコードする遺伝子を取り込ませておき、これをガン患者の体内で発現させようとするものです。体内で

ガン特異蛋白質が発現するとその抗体が産生され、治療が期待されるという原理です。遺伝子ワクチンと同様の原理で、さまざまなサイトカインを産生、生産することも可能です。

6-3-2　DNA冠細胞 ― プラスミドと同様な効果が期待されるか ―
　DNA冠細胞が、プラスミドと同様の機能を有するかどうか、これは今後の研究次第です。ここでは可能性を論じてみます。プラスミドによる蛋白質産生の方法、機構は確立しています。ここでは、牛肉のDNAを用いているので、単純に言えば、牛肉のある種の蛋白を産生する可能性があるということになります。この方法がうまくいきますとDNA冠細胞は、DNAを変えていろいろな種類のDNA冠細胞が作製できるので、極端には、すべての生物の蛋白質が産生できるということになります。
　ガン細胞の特異抗原をコードするDNAを用いてDNA冠細胞を作製すれば、DNAワクチンとして使用することが期待されます。もちろん、農業面、環境面への適用も期待できます。

6-3-3　DNA冠細胞 ― プラスミドを超えた新しい可能性が生まれるか ―
　プラスミドは、コードできる遺伝子の大きさが、比較的小さく、産生する蛋白の大きさにも限りがあります。DNA冠細胞作製に用いるDNAは、体細胞、DNAをすべて網羅するといえるでしょう。それゆえ、体細胞が持つすべての蛋白（大から小まで）の発現が期待されます。
　DNA冠細胞の応用への期待は、多くあります。もうひとつ紹介しておきます（妄想的期待かもしれません）。一般に、ヒトの遺伝子は、すべての遺伝子の約2％程度が発現しているといわれております。DNA冠細胞では、これらの発現していない遺伝子（眠れる遺伝子）を発現させる可能性があります。有能な遺伝子（スポーツに優れているとか）を発現させる可能性もあります。もちろん、医療の治療にも還元できます。
　DNA冠細胞は、プラスミドとは違う方法で、応用される可能性もあると思います。

その方法が確立しますと、第三次バイオテクノロジー時代の主流の技術となるかもしれません。

6-4 究極の応用 — ビール好きの夢への挑戦 —
6-4-1 序文 — ビールへの思い出、こだわり —

　遺伝子工学が、産業界に貢献するということを述べましたが、現状はなお厳しい状況にあります。研究者は限られており、企業が参入するには程遠いものがあります。将来への期待は大きいですが、現状の多くは、個人事業といえるでしょう。

　筆者も個人事業として、出発することになります。商品にするには相当な予算、期間が必要になります。まずは、自家製の試作品をめざします。

　チョット横道に入り、申し訳ありません。なぜ、ビールを選んだかをお話させて下さい。現代の若者は、あまりビールを飲まなくなってきたようです。筆者が、若い頃（ほぼ、半世紀前）は、ビールが大衆酒場へ出始めた頃でした。先輩らに飲みにつれられて"おいお前、何か注文しろ"といわれたおりに、なぜか、いつもビールを注文していたようです。当時は、焼酎、日本酒が、主体のコップ酒でした。この当時からビールを注文するなど、あいつは生意気な奴という印象を与えたかもしれません。筆者の嵐のような科学者人生の幕開けでした。

　大手術後、主治医の先生に、「お酒は大丈夫ですか」とお聞きしましたら、なんとOKがでました。運があるようでした。術後は咀嚼が大変で、食べられる食材に限りがあるようになりました。食材の硬さが問題です。非常に硬いものは全然だめですが、中間的な硬さは大丈夫で、硬さがないものが、またダメです。健康な時は、考えもしないことでした。どのようにして栄養を摂るかは、人それぞれ違いが出てきます。筆者には、毎日ビールは欠かせません。この理由は生ビールには、酵母が含まれております。酵母は、生き物で生命をつかさどるすべての栄養を含んでいます。これを毎日食すれば、他の栄養は要らないということです（自論）。

　筆者が、一番ビール好きかと思いましたが、上には上がおります。筆者は、

夕食時だけビールを飲みますが、団体でツアー旅行をした際、筆者と同じ年齢と思われる方が、朝、昼、晩とビールを飲んでおりました。筆者の人生はビールで始まり、終末もビールが飲めて終わるのが幸せのようです。

6-4-2　ビールを飲みながら治療する

　人間には、だれでも終末があります。終末をどのように生活するかということは、良い人生をおくれたかどうかに結びつきます。

　筆者のことを考えますと、再発してまた治療という際、高齢での手術は無理です。

　残るは、化学療法、放射線治療、などとなります。これらの治療法は、若齢者でも大変なリスクを負う治療法です。高齢ではそのため免疫力が低下して、他の病気を併発して命を落とす例も見られます。

　ここで、もし、毎日ビールを飲みながら治療にあたることができたらどうでしょうか。筆者は、このような夢のあるビールを、DNA冠細胞の力で実現しようとしております。

6-4-3　夢の醗酵食品 ― ビールとは ―

　夢のビールとは、その理論は簡単です。まず、抗ガン性の免疫賦活性物質を作るようなビール酵母を作製する。この酵母を用いてビールを作るということです。このような酵母をDNA冠細胞を用いてつくれないかどうかがテーマとなります。

　現在のところ、このような酵母が作製できるという根拠は、何もありません。可能性は50％（できない可能性も50％）です。筆者の人生も限りがみえてきました。ダラダラとはできません。試作品の目標を、東京オリンピック開催年の2年後としました。

　筆者は、ビールにこだわりましたが、醗酵食品に関与する微生物なら、理論はすべて同じです。納豆、ヨーグルトなど、納豆菌、乳酸菌などに抗ガン性物質等を産生する機能を持たせれば可能になります。筆者は、多様な機能を持つ酵母に注目し、この菌を主体にすることにします。このような夢のビールの話

が、どの程度理解されるか、旅のツアーの方々に飲みながら話しました。すべての方が理解され、大賛成を得ました。

　ただ、現在は、海の物とも山の物ともわかりませんが、実現しましても商品にするには、いくつかのハードルを越えなければなりません。これは遺伝子組み換えではありません。原理的には、プラスミドによるDNAワクチンと類似すると思います。DNAワクチンが実用化されますと、この手法で生産化される食品、飲料水等の実用化も進展することが期待されます。いずれにしましても、完成した際には、まず、筆者が自身の責任で使用することになるかもしれません。

　細胞の応用には、ビール酵母のように細胞自身を利用することと、細胞産物を利用する方法があります。上述のように食品関連の細胞の利用、実用化には、ハードルもあり、時間などもかかりそうです。食品以外での細胞の利用とか細胞産物などの利用の方が、実用化は早いかもしれません。

6-5　牛肉DNA冠細胞、アコヤ貝DNA冠細胞が夢を与えるか

　DNA冠細胞の応用に関しての期待は、いろいろ膨らみます。細胞が産生する物質を利用することもできそうです。

　DNA冠細胞は、いろいろなDNAで作ることができます。現在、筆者が作製し、所有しておりますDNA冠細胞は、基本的な研究には、市販の大腸菌由来のDNAを用いた細胞（大腸菌DNA冠細胞）、前述した牛肉のDNAを用いた細胞（牛肉DNA冠細胞）、真珠（アコヤ貝）のDNAを用いた細胞（アコヤ貝DNA冠細胞）、市販の人胎盤由来のDNAを用いた細胞（胎盤DNA冠細胞）、残りは、ビールに用いようとしているDNA冠細胞（これに使用するDNAは複数あります。仮に、ビールDNA冠細胞とします）です。

　今後、以上の5種類を主体に応用的研究に用いようと考えております。

　牛肉は、細胞から構成されております。個体レベルでは、見いだせないような、いろいろな産物（風味成分等）を作りだしていることは明白です。このような産物を、牛肉DNA冠細胞を用いて調べ、その中で有効な産物を生産させ、利用することが期待されます。

筆者は、縁がありまして、真珠の研究にほぼ10年以上関与しております。

　実際には研究はしておりませんが、セミナーなどを企画して開催しております。そのためか、真珠研究者の方からいろいろ知識を得るようになりました。真珠は、アコヤ貝でつくられます。真珠の形成機構、その美しさの秘密をアコヤ貝DNA冠細胞が、解明してくれるのではないかという期待があります。再生医療面で貢献できるかどうかは別にしまして、人胎盤由来DNA冠細胞も作製はしておきました。このようにDNA冠細胞は、エネルギー脂質を産生する藻類、微生物電池への応用、ヘドロ除去、環境指標などとしての細胞、放射能除去など、あらゆる分野への貢献が期待されます。

　夢のビールに加えこれらの方面まで研究が進むようでしたら、素晴らしいことだと思います。現状は不明です。

第7章　人工細胞（DNA 冠細胞）
― いかに科学に貢献するか ― 増殖機構からの展望 ―

7-1　序　文

　今回、人工細胞が、DNA 冠細胞であるという新知見を得たことは、科学、生命科学へかなりの貢献が期待できます。しかし、この種の課題は、結論が出るのにかなりの時間を要します。筆者には、そのような時間がなくなりました。ただ、次章で述べるように、国際学会への参加もあるかもしれません。学会では、当然いろいろな質問があります。その質問に答える準備、考えなどをまとめておくことが大事です。予想される質問は、生命の起源、真核細胞誕生との関連、ウイルスの生物学的位置（生物か、無生物か）、生物の多様性、難病との関連に関することが考えられます。ただこれらの課題に関しては、既に、前著『サイトオルガニズム発生説 ― 科学は国の礎 ― 』でも述べてきております。質問がありましても、机上の論争、返答に終わることは避けられません。

　これらの課題の他、必ず質問が予想されることは、卵白内でどのようにして DNA 冠細胞が増えるか（増殖機構）に関してであろうと思われます。この課題も大半は、机上の論争に終わるかもしれません。ただ、少しでも実証できるように、現在の手持ちのデータ（といいましても一枚の顕微鏡写真のみですが）から、その答えを準備しておきます。

7-2　一枚の電子顕微鏡写真から増殖機構を類推する

　この写真は、スフィンゴシン・大腸菌 DNA・ホヤ抽出液を卵白内に入れて培養して作製した人工細胞の走査電子顕微鏡写真（超薄切片）です。いろいろな形状が見られると思います。

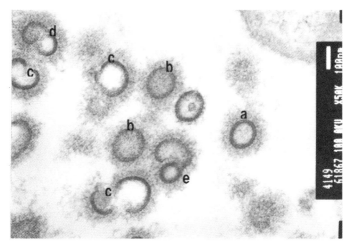

図7-1 増殖機構を考察する際に用いた鶏卵（卵白）内で作製された人工細胞の電子顕微鏡写真
スケールバー：100nm

(1) リングが明瞭なもの（a）（静止状細胞とします）
(2) リングがやや薄い（b）
(3) リングが壊れてきているもの（c）
(4) リングが壊れてきて進展しているもの（d）
(5) 二つのリング見られ物（e）

以上の様な像を、筆者の都合のよいように解釈して増殖機構を考えますと以下のようになります。

(A) まず、静止状細胞（a）が、リングがやや大きくなりながら動き出して、（b）のようになる。
(B) さらに進むと、リングの一部に裂け目がはいるようになる（c）
(C) 裂け目からDNAが伸展する（d）
(D) 伸展したDNAは、リングを形成し、新たな細胞が形成される（e）

結局、まとめてみますと、リングに切れ目が入り、そこからDNAが進展しこれが環状となり新たな細胞が形成されるということになります。
お断りしておきますが、これは筆者の観察で、間違いの可能性もあります。

第7章 人工細胞（DNA 冠細胞）―いかに科学に貢献するか―増殖機構からの展望― 61

論文に投稿するには、多くの写真を必要とします。電子顕微鏡の撮影は委託となり、かなりの費用がかかり、この研究はあきらめております。

　DNA は、線状形と環状形で存在していることが知られております。環状 DNA は、細胞内のミトコンドリア、植物の葉緑体、また、ある種の原核細胞に見られます。これら DNA の複製は、特殊な方法で行われます。原核細胞、ファージの DNA 複製に、ローリングサークル型複製という方法が知られております。これは、環状 DNA に切れ目が入ると、そこから、DNA の一本鎖が、ひも状に伸展していき、新たな環状 DNA を作るという方法です。筆者の DNA 冠細胞の複製もこの方法と類似しているようでもあります。

7-3　DNA 破片による再構成

　写真の (e) で見るように、リングが破壊した DNA 破片が多くありそうです。

　蛍光顕微鏡でみても、リング外で顆粒状に光るものが多く、これらは、破壊した DNA と推察されます。この破壊した DNA が、再構成されて新たな細胞が形成されるという可能性もあると思います。

　いずれも可能性ですから、これらの写真を見せて上述したような説明を行えば、質疑の回答としては十分と思われます。ただ、DNA の複製には、DNA ポリメレースが必要です。そこで、肝心なことは、卵白内に DNA ポリメレースないしは同等の機能を持つ物質が存在するかどうかです。これらの酵素がなくとも複製できる方法があるのかどうかというような質疑も予想されます。これには現在、不明としか答えられません。

　筆者（科学者）としましては、人工細胞を、既知化学物質から作製したということを評価して頂けましたら、満足ですが、理解を得るには、かなり時間がかかりそうです。そのため、応用の方にも力を入れなければなりません。応用的な研究から評価を得られる系口も見つかるかもしれません。

　ただ、研究には限りがありません。これ以上の基礎的、応用的進展が望めない可能性もあります。この際におきましても、世間の皆様には、筆者を DNA 冠細胞の発見と合成を成し遂げた科学者として記憶しておいて頂けましたら筆者の喜びとするところです。

第8章　世界の舞台へ
― 国際学会で講演できるか ―

8-1　国際学会

　スポーツでは、いろいろなジャンル（陸上、水上、など）が有り、それらの国際大会が開かれます。科学にもいろいろなジャンルがあります。筆者のジャンルとしては、バイオが中心になります。毎年、このテーマを中心とした多くの国際学会が開かれます。年間、いくつの国際学会が、開催されるかということは、正確にはわかりません。非常に小規模な国際学会などもあります。主催は、学会とか科学誌を発行している企業などです。バイオなどをテーマにした国際学会をネットで調べますと、100前後はあります。

　学会は研究者の成果を講演して表現するか、成果を図表などにしてポスターとして発表するかという形式になります。ただ、発表のスタイル（講演かポスターか）は、主催者が決める場合が多いようです。ほとんどの国際学会では参加の制限はありません。参加申し込み後、発表の内容を要約し、主催者側に送ります。講演要旨集が作成されます。

8-2　国際学会の思い出

　大学に勤務していた頃は、国際学会への参加は数える程度でした。それでも、最初に参加した国際学会は、今でも印象深いです。

　免疫、微生物関連の国際学会が、パリでありました。もちろん、招待などされませんので、筆者の方から参加申し込みを行います。講演者にも当然選ばれません。ポスターセッションという分野で、ポスターで研究成果を発表しました。

　かなり大きな学会で、日本からも多くの科学者が参加しました。このため、

第8章 世界の舞台へ ―国際学会で講演できるか― 63

Dear Dr. Shoshi Inooka

It is with great pleasure that we welcome you to attend the **World congress & Expo on Nanotechnology and Nanoengineering** during March 27-29, 2017 Dubai, UAE.

Dear Dr. Shoshi Inooka,

On behalf of the Organizing Committee of Nano S&T-2017, we would like to extend to you a formal invitation a **Speaker** of **Session 505: Nano-Biomaterials and Nanobiotechnology** at The 7th Annual World Congress of Nano Science & Technology-2017 (Nano S&T-2017).

Dear Dr. Shoshi Inooka,

Greetings for the Day!

We have delighted in inviting you to solicit your presence as a speaker at the 2nd International Congress & Expo on Biotechnology and Bioengineering (Biotechnology-2017) held at Valencia, Spain which is during September 25-27, 2017.

To know more about the Conference: http://scientificfederation.com/biotechnology-2017/

The main theme of the conference is "Translating biotechnology and bioengineering technologies from modern life science". Biotechnology-2017 Conference looks for significant contributions to the biotechnology and bioengineering in theoretical and practical aspects. The aim of the conference is to provide a platform to researchers and practitioners from both academia as well as industry to meet and share cutting-edge development in the field

Dear Shoshi Inooka

I hope this email finds you well.

I am hoping to have the opportunity to discuss about your participation as a speaker in the upcoming conference "**Global Conference on Catalysis and Reaction Engineering (GCR-2017)**" during October 19-21, 2017 at **Las Vegas, USA**.

Dear **Dr. Shoshi Inooka**,
Warm Wishes from Eurochem 2017..!
We are delighted to welcome you for the **Speaker participation** at the *2nd International Conference on Advances in Chemical Engineering & Technology.*
Eurochemical Engineering 2017 conference will be hosted in the awesome city of Paris, France during November 16-17, 2017. We would be pleased to meet your presence at the conference proceedings. The main theme of the conference is **"Exploring the latest trends in Chemical Engineering"**. The conference will be the best platform for the Chemical Engineering, Biochemical Engineering, Biotechnology to share and exchange your ideas, and explore your research.

Dear **Dr. Shoshi Inooka**,
Warm wishes from Petrochemistry 2017!!

With the continuous success of Petrochemistry Conferences in USA, we feel proud to announce "**7th World Congress on Petrochemistry and Chemical Engineering**" during November 13-15, 2017 in **Atlanta, Georgia, USA** with the theme of "**A global hub for exchanging the advanced technologies in Petrochemistry**".

In this unlimited joy we are pleased to invite you to take part in our Petrochemistry 2017 Conference as a Speaker. We feel your participation will help us to take this conference to next level.

Dear Dr Shoshi Inooka,

Greetings from Biochemical Meeting 2017!

We would like to officially invite you to serve as a Speaker at the forthcoming "Global Chemical and Biochemical Engineering Meeting" which will be held during **December 06-07, 2017** in the most exciting city **Dubai, UAE** with the theme "Emerging technologies and scientific innovations in Chemical Engineering and its Applications".

The scientific objective of the conference is to gather top researchers and future experts in the fields of Chemical and biochemical research, to present and discuss the latest ground-breaking work in the field. This Conference will provide you and your colleagues an opening to discuss critically important research and to intensify collaborations and scientific research.

図8-1　2017年度に講演依頼を受けたメール便の一部

旅行会社が、ツアーを組むほどでした。筆者も家内と共に申し込みました。ツアーの方々とは、学会開催期間中ともにします。当時は、若かったせいかすぐ打ち解けました。現在も交際を続けている方もいます。学会では、懇親会があり、個人では当時なかなか入れないような場所（ベルサイユ宮殿）で開催されました。また、学会途中に休日があり、その間を利用して、スイスの山々をハイキングしました。スイスに行きますとなぜか体調が良くなります。その後、体調を崩しますと、スイスに出向くようになりました。

8-3　舞い込む講演依頼 ─ 国際学会への招待 ─

考えられない事態が生じております。国際学会への招待状が、あいついでおります。しかも講演者としての要請です。現在は、国際学会の数も多くなったようです。なかには、参加者も少ない学会などもあるかと思います。

招待されることは、論文が発行され、その研究内容が評価されていることによると思います。学会の関係者に名前が覚えてもらえるということは、科学者としては光栄なことです。

学会への招待は、論文発表直後の今年度のみかもしれません。今回は、すべてお断りを致しました。2017年度に招待頂きました学会名などを記念（記憶）としまして、記しておきます。第2回大会など、歴史の浅い学会からの招待などがあります。

8-4　国際学会に参加できる条件

国際学会へ招待頂いたとしても、国内の学会とは違い、簡単には参加できません。研究面以外にも参加するためにクリアしなければならないことがあります。

8-4-1　旅　費

第一は、旅費の問題があります。招待を頂いたとしても、旅費まで出してくれるレベルではないことは、承知しております。今回、参加にあたり、どの

程度援助をしてくれるか、問い合わせておりません。予想されますことは、参加費の免除（通常、日本円で1万円程度、講演要旨集代とか懇親会の会費の免除など）という感じです。現在、格安航空会社もでき、旅費は大分安価になりました。ただ何しろ年金で、生活、ボランティア活動、研究活動をしております。なかなか、参加する余裕はありません。現役時代なら、予算申請に国際学会出席として申請できました。参加するためには、旅費の工面をしなければなりません。

8-4-2 会　話

　第二は、会話の問題です。当然、英語になります。筆者の病は、声が出なくなるケースも多くみられます。筆者は、幸いなことに、主治医の先生から原稿を書いて話せば、会話は通じるといわれました。それを守り、国内では、いくつもの会を開催し司会などをつとめております。問題は、英語にも通じるかです。ハワイに旅行した折、いろいろ試しました。through（おそらくrou）周辺が通じないようでした。これは、筆者のもともとの発音の悪さによるせいかもしれません。日本と同じように、講演の際は、原稿を書いて話せば、おそらく、講演内容は理解されると思います。ただ問題は、講演後の質疑にあります。これに返答しなければなりません。一度、国内で原稿がない状況で講演しましたが、質疑者を困らせた経験があります。

　元来、英会話はあまりうまくありません。その上に、障害を抱えております。もうすこし、英会話を努力しなければ参加はできません。

8-4-3 体力　（会場までのアクセス）

　第三は、体力です。国内の開催でしたら、会場に遠くても飛行機で3時間以内には着きます。今回、招待を受けた会議場は、ラスベガス、ドバイ、パリ、スペイン、アメリカなど、飛行時間が10時間以上のところです。到着して即座に講演となりますと、どうでしょう。若い時なら全然問題ありませんが、筆者の健康状況がどうなるかは予想がつきません。いろいろ、ツアーなどで国外旅行を経験して試す必要もあります。

8-5　準備は大変

　たまに、高校生が部活の報告をしていることを聞くことがあります。発表が、素晴らしいです。パフォーマンスはもとより、それに伴うスライドなども素晴らしいです。

　筆者の時代は、まず図表を手書きし、これを写真に写します。次に、これをスライドで撮影するために、ポジフィルムというフィルムに、写し替えるのです。後は、切り取りスライドの枠にいれて使用します。発表するまで、かなり時間を要しました。その後、OHP（オーバーヘッドプロジェクター）という器械が市販されました。これは、原稿をOHP用のフィルムにコピーして使用できます。講演時間間際でも間に合う時がありました。便利なので、ひと時、重宝されました。

　現在は、パソコンでスライドを作成し特殊なプロジェクター〈液晶〉で、映し出すというものです。スライドがパソコンで作成できますので、研究のデータにいろいろな資料を添えて作ることができます。作製法さえ熟知すれば、比較的簡単に、内容豊富なスライドができます。ただ、筆者は、この作製法をこれから学ばなければなりません。液晶プロジェクターは、筆者が現役の時、見たような気がします。その歴史は、20年以上にはなるのではないかと思います。このようなプロジェクターが改良されてきています。パソコンと同様、器械の扱いも大変です。また、最近は、動画（ビデオ）での講演が必要となる時があります。国際学会に参加するには、これらを準備しなければなりません。

8-6　科学者 ── 一度は国際学会での講演を ──

　確かに、科学者の中には、一度も国際学会で講演しなくとも研究が評価されておられる方もおります。しかし、スポーツ選手が、国際大会への参加を目標として励んでいるように、科学者も一度は、国際学会での講演などを望む人が多いのではないでしょうか。現役時代には、講演という機会がありませんでした。今になって、喜んで迎えてくれる方が多くなりました。たまに海外ツアーに参加して楽しんでおりますが、講演を目的とした海外への旅行は、ツアーとは違います。先に述べたすべての条件をクリアしなければなりません。体調も

良く、研究も一段と進みましたら、一度は舞台に出ても良いかとも思います。どうなることかわかりません。

終章　現役続行
― その対策 ―

1　気力の維持

　仕事を行うには、気力が必要です。ただ、高齢になりますと、どうしても気力、体力が落ちてきます。仕事への熱意、気力が低下してきます。筆者もいろいろな活動において低下してきていることを自覚します。

　本書の執筆においても明らかです。前著の執筆では、3時間継続して原稿を書くことができましたが、今回は、30分で思考力が低下します。しかも、筆者にとり一番活力のある時間帯でもです（朝の6時頃）。文章が書けなくなっています。

　筆者は、現在、ボランティア活動として、講演会の開催など、科学の振興に努めております。ボランティア活動ですが、講演会では、講師の方々から気力を頂いております。この気力が、筆者の研究を推進する一因でもあります。ところが、ここ数年、この活動を開催する気力が、落ちてきているようです。講演を依頼する際、講演題名などテーマを決めますが、そのテーマが思いつきません。さらに、講師の方に依頼する際も、躊躇する時間が多くなりました。これまで多くの講演者の方々から、生活の気力などを頂いていることは大変感謝しております。内心、潮時かな、終末をどうしようかと悩むところです。

　研究面でも気力の低下を感じます。この3年間の研究生活の中で、感動を覚えたことは、DNA冠細胞を見いだした時のみです。細胞の周囲が染色されたDNAで赤く染まります。まるで、太陽が沈む時の夕陽のような感じでした。

　これ以外は、あまりありません。従来ですと、論文が国際誌に掲載された時とか、学会から講演の招待を頂いた時などは、感動すると思いますが、あまり感動がなくなりました。

結局は、無気力な状況に入り込んでいるようです。今後の研究生活を継続するために、その対策をいろいろ考えなければなりません。

2 新たな気力を求めて
2-1 高齢者の生き方から得る

現在は、平均寿命も延び、また、100歳以上の方が6万人にも及ぶといわれております。

100歳で、現役でも第一線で、活動しておられる方も多くみられます。多くの方が、高齢者の方々の生き方から活力を得ております。お亡くなりになられてしばらくになりますが、名古屋のきんさん、ぎんさんの姿は、まだ記憶にあります。

最近、ご逝去され、国民的知名度の高い、日野原重明先生の生き方には、多くの方が元気づけられました。70歳になり「新老人の会」を設立し、また、90歳を超えて、ミュージカル劇団を設立し、自らも出演されておりました。筆者は、52歳でアメリカで学び、それを源に帰国後、この研究を55歳から開始しました。52歳といいますとやや出遅れたかと感じておりましたが、日野原先生にいわせますと、まだまだ、新米といわれそうです。

また、歴史上の人物の中にも高齢で優れた仕事をなされた方々が、多くおられます。彼らの仕事内容、名言等から勇気を貰います。文殊学者としてあらゆる分野に精通しておりました、江戸時代の貝原益軒は、「人生60歳までに種蒔きし、収穫を60歳以降におこなう」と述べております。この言葉は、筆者には都合が良いかもしれません。60歳で種となる論文を掲載し、それ以降、収穫に向けて、10数年精を出しました。ようやく実りそうです。

ツアーで小諸に旅行した際、近くのお寺を見学しました。その際、天井に巨大な龍が、描かれておりました。ツアーのガイドさんのお話で、この龍の絵は葛飾北斎が、80歳を超えて完成させたということでした。80歳を超えてもまだ、素晴らしい作品を作れるという元気を頂きました。筆者の作品は、研究論文です。

気力を、無気力にさせる要因の一つは、時折訪れる病気に対する不安です。

筆者の病気の問題は、治療後の転移です。術後10年を経過したころ、主治医から、気をつけた方が良いとアドバイスされました。高齢と共に免疫力が劣り、潜んでいたガン細胞が、また、眼を覚ますおそれがあるのです。東日本大震災前は、年に数回、定期検査等を受けておりました。なぜか、震災後は、やめております。潰瘍などがでますと、心配します。このような状況になりますと、哲学者フロイトの行動を思い出します。フロイトは、1856年に現在のチェコで生まれた精神医学者です。精神分析学の確立にほぼ生涯を尽くしました。67歳の頃ガンを患い、その後、何度も再発しましたが、そのたび、30数回の手術を受け乗り越えたそうです。その間にも、生涯を閉じる83歳まで研究に従事し、素晴らしい仕事をして世に残したそうです。筆者も再発したら、また、手術をし、その間も研究を継続して、乗り越えようかと思っています。

人生には、必ず終末があります。彼らの人生の生き方から、終末まで、現役を貫こうという気力を頂いています。

2-2　偉人、科学者の名言から得る

歴史的に、著名な科学者は、多くの名言を残しております。国内の科学者の名言で共鳴するのは、野口英世の言葉です。彼は、福島からアフリカに研究に行く際に、研究が成功するまで戻らないという言葉を残しました。強い意志です（訳注：筆者にも共通しているようです。自身の信念で研究を進めてきました）。

湯川秀樹博士の名言も、気になるところで、書き添えたいと考えておりました。NHKで「あの人に会いたい」という番組があります。筆者は、いつもみております。報道される方は、近年、お亡くなりになった方が多いようです。たまたま湯川博士が登場しました。

この報道は、湯川博士に関して、筆者が記憶していたことと同様でした。

「独創的研究は、ごく少数から始まる」。いわば、組織の中心となる課題ではないというようなことです（訳注：筆者と共通している面もあるかと感じました）。

国外の多くの科学者もまた名言を残しております。そのなかでもアインシュタインが、多くの名言を残しております。アインシュタインは、ドイツ生まれの物理学者で 1922 年、相対性理論でノーベル賞を受賞しました。筆者が、気にとめている彼の言葉を 2～3 あげてみますと、

＊天才とは努力する凡才のことである（注釈：筆者も努力はしていると思います）。

＊私には特別な才能などありません。ただ、ものすごく好奇心が強いだけです（注釈：筆者も、いろいろな知識を得ようとしております。好奇心が強いと思います）。

＊私はそれほどかしこくはありません。ただ、人より長く一つのこととつきあってきただけなのです（注釈：筆者も賢くはありませんが、人工細胞という一つのことに取り組んでおります）。

　これらの国内外の著名な科学者の言葉は、体力的に衰えていくなかで、注釈しておきましたように、筆者に良い方に解釈して用いますと、心の糧となります。また、やろうという気を起こさせてくれます。

3　信念を貫く ― 心を冷静にして ―

　高齢になりますと、普通なら寿命（先）も見え、残りの仕事を急いでやらなければと思いますが、偉大な人は何かゆとりを持ちながら、仕事に取り組んでいる感じがします。

　筆者は、このところは、ご無沙汰ですが、山登りを趣味にしております。

　山登りの醍醐味は、頂上にたどり着いた時だと思います。しかも仲間より早く、頂上へと心がはやります。このはやる心で、息が切れ、頂上を断念することもあります。

　ベテランは、頂上付近の景色を十分楽しみながら、のんびりと頂上にたどり着くようです。筆者の研究にも頂きがみえてきたようです。先が短くなりましても、頂上を目指すという信念を持ち続け、周囲（関係する研究論文）を眺めながら、研究を続けることが、大事であると考えています。

おわりに

　前著「続サイトオルガニズム発生説」は、世界で初めて継代可能な、自己増殖できる人工細胞の作製に成功し、その経緯などを書き残しました。その後、その生成機構を解明することに取り組んでおりました。この課題の解決は、相当難しく、かなり時間もかかるかと予想しておりました。次回は、6年後の東京オリンピック開催の年を目標に解決編として出版できるよう頑張ろうと考えておりました。それが、スラスラと課題の謎が解けました。読者の方に、いち早く知らせたく、今回、『サイトオルガニズム発生説』─第3巻─として出版することにいたしました。

　出版の条件は満たしたようです。一番の不安は、この人工細胞作製法が、科学者からの評価を得ることができるかどうかということでした。この研究は、いくつもの論文を化学工学系の雑誌に投稿し、受理、掲載されました。掲載されるには、筆者の研究領域に近い（専門分野を同じにする）科学者が、読み〈査読〉、研究を評価（ピア、レビュー）します。彼らが、評価しますと掲載が可能になります。ひとつの論文に対して、数名（4名前後）の科学者が、目を通します。筆者は、少なくとも、異なる5雑誌以上のレビュラーの評価を受けております。単純には、筆者の研究を20人近い科学者が、評価したことになります。

　筆者の研究が、認められたということになります。

　前著『続サイトオルガニズム発生説』を書き終える頃（平成26年5月ころ）、東日本大震災が発生して3年が経過しておりました。震災の復興が、本格的に始まりました。この復興に弾みをかけるようなニュースが、科学界から発表されました。若き女性科学者が、再生医学、生物学にとり、驚くべき成果を発表しました。彼女の日常の研究の様子も報道されました。その初々しい研究姿を、多くのメディアがとりあげ、社会を明るくしました。残念なことにこの明るさは虹が消えるように、すぐ消えてしまいました。ひと時の夢となりました。研究面の評価は別にしまして、ひと時でも夢を与えてくれたことは、良

かったのではないでしょうか。ただ、その後、不幸なことが起こり、悲痛な思いでした。共同研究者のお一人の方が、お亡くなりになったということをニュースで知りました。この方の事情を知りますと、若くして教授になり、まだ、52歳ということでした。52歳といいますと、筆者が、新しい研究の場を求めて渡米した時期です。この方は、これからも、多くの業績を残せる方だと思います。優秀な研究者（人材）を失ったことは、科学界にとって大きな損失であり、残念でなりません。科学者は本人が発表したあと、間違いに気がついたら、素直に認めるべきです。許されます。間違いは観察力の未熟、研究成績を評価する能力の未熟さなどいろいろあろうかと思います。発表前に間違い、あやしいということに気がつけば、その研究者は素晴らしい方です。長い研究生活の中、間違いはあります。間違いを認める勇気も必要です。そうすれば、不幸なことも起こらないですんだかもしれません。

　前に、クロアチア旅行のことを述べました。この地方のことは、あまり知りませんでした。

　筆者が、アメリカで研究生活を過ごしていた1992年頃は、この地方は、内戦で国内が大混乱の状況でした。内戦は、1992年から1995年頃まで行われたようです。ちょうど、筆者のアメリカでの研究期間でした。筆者は、国内で研究が進展せず、新天地アメリカで研究生活を始めました。この頃、世界では戦争で、自国を取り戻そうとしている人々がいることを知りました。科学者は平和で研究できる喜び、幸せを深く感じるべきだと思いました。

　最近の世界の状況は、かなり緊迫した場面を作りだしているようです。一歩間違えば、弾道ミサイルを武器とした戦争が、発生するかもしれません。日本はこれらの戦争を避け、平和な時代を維持しなければなりません。為政者は国民の耳を聞き、油断のない政治を行うことが肝要です。科学者にも重要な試練が与えられているようです。科学者がこれら軍事面に関する研究に参加するかどうかを問われております。

　どの研究者も、予算では苦労していると思います。予算というニンジンを前に一人ひとりの科学者の判断が求められる時代になりそうです。

　いずれにしましても、科学者は将来にわたり、人々が安心して暮らせる世の

中を作るように努めなければなりません。それは、科学者本人が自由な研究ができることにもつながります。

どの分野でも、若い時には将来を期待される方が多いと思います。筆者も、科学界での活躍を期待されていたと感じます。しかし、これまで、長年研究生活をしてきましたが、人前で話せるような研究成果が全然ありませんでした。今回、人生の終末近く、科学史に残るかもしれないDNA冠細胞を見いだし、これを合成することに成功しました。若い時代には、温かくご指導頂きました恩師の先生をはじめ、ご支援を頂いております、多くの関係者の方々の期待に多少とも応えることができたかなと内心思っております。

今回の舞台は化学工学系に求めました。この系の重要なことは、研究がいかに実用化されるかということにもあります。

この一つが成功しますと、後は、この方法に追従して行えば良いわけです。DNAの種類を変えますとそれに相応したDNA冠細胞ができますので、無限とも言えるくらいの応用性が広がります。しかし、現在、海の物とも山の物ともわかりません。プラスミドで成功した方法がこのDNA冠細胞にも適用できるのかどうか、これに代わる新たな方法が飛躍的な応用化をもたらすのか、今後の重要な課題となります。

筆者は、個人事業として研究を行っております。このような研究ができますことは、日頃、筆者の研究生活に理解を示してくれる妻や家族のおかげと感謝しております。

次回の出版は、東京オリンピック開催時に予定しております（前著でも述べましたが、三浦雄一郎がエベレスト登頂に成功した時と同じ年になります）。筆者、家族が元気で、新たな基礎、応用的成果を盛り込んだ中身のある内容として出版出来ましたらと、念じております。

2018年4月

■ 著者紹介

猪岡　尚志　（いのおか　しょうし）
　　日本応用細胞生物学会 会長、NPO 法人日本科学士協会理事長、日本応用食
　　材科学研究所代表、（株）佐幸産業（専務）、その他

サイトオルガニズム発生説　第 3 巻
― 人工細胞が卵でつくられる、DNA 冠細胞の発見と合成 ―

2018 年 6 月 10 日　初版第 1 刷発行

■ 著　　者――猪岡尚志
■ 発 行 者――佐藤　守
■ 発 行 所――株式会社 **大学教育出版**
　　　　　　　〒 700-0953　岡山市南区西市 855-4
　　　　　　　電話（086）244-1268　FAX（086）246-0294
■ 印刷製本――サンコー印刷 ㈱

© Shoshi Inooka 2018, Printed in Japan
検印省略　落丁・乱丁本はお取り替えいたします。
本書のコピー・スキャン・デジタル化等の無断複製は著作権法上での例外を除き禁じられています。
本書を代行業者等の第三者に依頼してスキャンやデジタル化することは、たとえ個人や家庭内で
の利用でも著作権法違反です。
ISBN978 − 4 − 86429 − 512 − 3